U0050255

建築物電氣／電子設備雷害對策
設計／施工準則

雷害對策 設計指南

編　譯：劉昌文　　　莊漢檜

校　稿：顏世雄 教授　楊坤德 技師

編　輯：JLPA 日本雷保護系統工業会

監　修：社団法人電氣設備学会

前　　言

　　本書翻譯自『日本 雷保護系統工業會 JLPA』的『雷害對策設計指南』。

　　『雷害對策設計指南』係針對從事日本雷害對策的設計/施工者等讀者為對象，使讀者能活用於實務上而編輯發行的技術性解說書。在日本出版目的；使設計者/施工者/研究者等讀者能了解『雷害對策設計指南』的技術內容，以提昇雷防護技術、降低雷害的實務活用為宗旨。

　　藉著本書期盼能讓台灣的讀者理解日本所編輯的『雷害對策設計指南』技術內涵，將有助於日本與台灣有關雷害的技術交流及商業展開。

莊漢檜

雷害對策 設計指南 目錄

雷害對策 設計指南 目錄

雷害對策 設計指南 目錄

雷害對策 設計指南 目錄

圖 目 錄

雷害對策 設計指南 目錄

雷害對策 設計指南 目錄

雷害對策 設計指南 目錄

表 目 錄

雷害對策 設計指南 目錄

雷害對策 設計指南 目錄

第1章

本書概要與構成

第1章 本書概要與構成

1.1 本書概要

1752年美國富蘭克林(Franklin)最早構思了落雷時以避雷設備(避雷針)來保護人命、建築物等的安全。其後，在歐洲也進行避雷針的研究與實驗，且英國王立協會於1769年發表避雷針的推薦規格。日本於1952年8月參考美國的相關避雷規定制訂了雷防護標準規格(JIS A 4201：避雷針)，經歷技術進步的整合、數次規格改正，使建築物等的避雷設備規格被廣泛的活用了近60年。

另一方面伴著朝向高度資訊化社會結構的進展裏，不再只是關注建築物的直擊雷對策，包含建築物內部所設置電氣電子設備類的雷突波對策也成為重要課題，此等為必要不可欠缺的綜合性雷防護對策。也就是說統合建築物的雷防護與機器設備的雷防護成為綜合性雷防護系統，構築成被保護物基本的雷防護對策。

日本雷防護系統工業會(JLPA)為減低資訊化社會的雷害及維持安全，圖使綜合性雷防護系統的新雷防護技術普及化，確定使關係者能深入理解而活用於實務為緊急課題的導向，其具體目的在於使業主的相關設計者施工者對初始雷防護能很容易的活用於實務，而促成編輯發行此實務書的必要性結論。

編輯此實務書的沿革係組織了雷防護技術者及相關連企業的技術者所設置的雷害對策設計指南編輯委員會，並集結其雷防護技術及實務經驗知識而編輯本設計指南。

1.2 本書構成

本書各章節的構成內容概論

1.2.1 第1章：本書概要與構成

1.2.2 第2章：雷害形態

1. 發生雷害時落雷的電氣／電磁的結合組態
2. 雷突波侵入建築物內的路徑及設想相關連雷害
3. 雷害傾向分析、家電設備的雷害形態等說明

1.2.3 第3章：綜合性雷防護系統設計

統合建築物雷防護系統及建物內部電氣／電子設備雷突波防護系統及說明綜合性雷防護系統的概要。登載主要的雷防護關連法規及相關規格。

1.2.4 第4章：建築物雷防護系統的設計與施工

相當於從前的〔避雷設備〕；建築物雷防護系統是依 ①受雷部系統 ②引下導線系統 ③接地系統等為主要構成要素，作為設計的條件，並舉例詳細說明。

更以設計流程圖、保護標準的選定等輔以說明。

1. 受雷部系統：以圖示說明受雷部的構成要素及具體的配置
2. 引下導線系統：說明設計的基本事項施工規定及構造體利用方式
3. 接地系統：說明接地極的形狀與規定構造体利用接地極等
4. 安裝及接續：說明導体的安裝及接續方法
5. 材料與尺寸：在雷防護系統中所使用的材料與尺寸
6. 內部雷防護系統：為防止人命的危險及火花須確保等電位塔接與安全間距
7. 人命的安全：接觸電壓、步級電壓 (Step Voltage) 的安全對策

1.2.5 第5章：電氣／電子設備雷突波防護

在建築物內部所設置電氣／電子設備類的雷突波防護對策說明

1. 雷電流參數及雷電磁脈衝 (Impulse)
2. 直擊雷電流對策：雷防護領域 (LPZ) 的導入
3. 雷突波防護對策的基本原則及設計施工概要：電力及通信系統SPD防護概要
4. 電力系統用SPD的試驗等級選定與施工：直擊雷及誘導雷的防護
5. 絕緣方式的對策：耐雷變壓器
6. 設置場所的分類：SPD的選定要領

1.2.6 第6章：雷防護系統的維護與保養

說明雷防護系統維護與保養的相關項目

1. 維護保養的範圍與維護頻率
2. 維護保養記錄表、接地電阻測試記錄表及記錄管理
3. 維護保養的實例
4. 接地電阻值測試方法
5. 維護保養的計畫與管理

1.2.7 第7章：參考資料

登載本設計指南的相關參考資料：

1. 雷害對策的設置工程費用(投資成本)

2. 雷防護的相關法規與規範

3. 金屬的腐蝕

4. 大地電阻係數的測試方法與解析

5. 關於ZnO變阻器動作波形所示的耐能量比較

6. 直擊雷的電流分流取決於接地阻抗的理由

7. 高層建物直擊雷的突波電流、電壓形態

8. 弱電機器設備(通信、信號)的雷害對策例(13例)

9. 電力系統配電方式中SPD的設置例及其它

　　本設計指南是針對構築建築物的雷防護系統時能活用其設計與施工技術為目的，它是蓄積了具有許多技術者的雷防護實務技術經驗與知識所編輯的書籍。

第2章

雷害形態

第2章 雷害形態

所謂落雷，係指在雷雲與大地(含 建築物、樹木)間發生的放電現象。

雷雲與大地間的大氣絕緣層遭到破壞而開始放電的結構，人類仍持續進行研究，其中仍存著許多不明的疑點，致使當今的科技尚無法控制自雷雲產生至落雷的自然現象，這是眾所周知的事。

由於無法抑制雷擊的發生，故本書提出了適切的「綜合性雷保護系統」的認識，依照其設計與施工要領，確實能減低雷害，並說明了對於受到雷影響時所需保護對象的人、建築物、設備等相關對策。本章節概說了雷雲與大地間流通的雷電流對於被保護對象的建築物及設置於建物內電子／電氣設備機器發生雷害時的形態。

2.1 雷害發生時電氣電磁的組合形態

雷雲與大地間流通的雷電流如何影響被保護對象呢？

圖2.1說明了設置「雷保護系統」時，其被保護對象建築物的電氣、電磁組合形態。

圖中所示在建築物本身因配備有「雷保護系統」，故建築物不會遭受雷擊，但落雷於受雷部系統的突針(避雷針)時，雷電流自避雷針流經引下導線系統、接地系統洩放至大地的途中，雷電流會對建築物內電子／電氣設備機器產生影響，因而發生雷害。

若不於建築物上落雷時，也因鄰近落雷的雷電流對著大地放流使得周邊的大地電位上昇，此時產生異常的電壓電流(雷突波)將經由引進的電力線及通信纜線侵入建物內破壞設備。

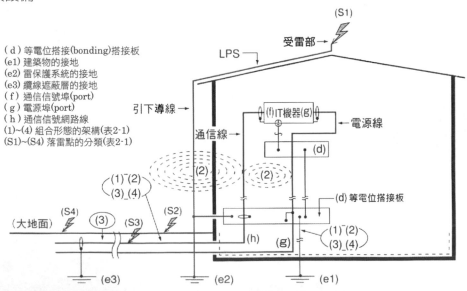

圖 2.1 雷擊時與建築系、電力系、通信系間的電氣與電磁的組合形態

出處：JIS C 5381.22圖2 (部分變更)

圖2.1表示各落雷的起源點分類；(S1)：保護對象建築物的直擊雷，(S2)：建築物附近的大地雷擊，(S3)：建築物引進線路的直擊雷，(S4)：線路附近的大地雷擊。均因電氣與電磁的組合形態產生過電壓、過電流突波，使建築物及建築物內的電氣、電子設備遭致雷害。

1) 阻抗性組合形態

落雷於建築物受雷部時，雷電流經引下導線系統、接地系統至大地放流，此時可見到大氣中形成的雷道與電氣阻抗體的組合形態，此現象稱之為阻抗性組合形態。

圖2.1僅表示雷電流(直擊雷)經1條引下導線流至大地放流，而通常在外部雷保護系統中均併接著複數條的引下導線情形，使雷電流在此阻抗性組合下形成分流狀態。

此狀態下，無論是經過SPD的部分雷電流分流，雷電流路徑途中所引起破壞絕緣或是雷電流經弧光放電的分流，均形成為阻抗性組合形態。

在阻抗性組合時，若能了解雷電流路徑，則各路徑中流通的雷電流減少，使雷突波的波高值變低，在阻抗體分流的狀態中，其突波波形(波頭長、波尾長)不會有太大的變化。

2) 感應性(誘導性)組合形態

於建築物落雷時所產生的高電壓大電流突波(Surge)，是使周邊的金屬体引起靜電感應及電磁感應的主因。 而對於靜電感應的改善對策可在被保護物施行簡單的靜電遮蔽(Shield)，所要注意的是，對於影響電磁感應的能量有時候也相當大。

引起電磁感應的雷電流為約自數 μs 至數百 μs 的時間現象，亦有電流值遠大於我們平常的經驗值。然而因生成電磁感應的電流其變化率 di/dt 值極大，故產生電磁感應的高電壓產生絕緣被破壞，且感應電壓生成電流而流通於電路中。此現象稱為感應性組合。

屋內所敷設的電力、通信相關配線類也是因感應電壓所須保護的對象。

表2.1即為表示落雷條件與組合形態的關係。

表 2.1 落雷時電氣、電磁的組合形態

過度現象源	建築物的直擊雷 (S1)		建築物附近的 大地雷擊(S2)	線路的直擊雷 (S3)	線路附近的大 地雷擊(S4)
組合形態	阻抗性 (1)	感應性 (2)	感應性 (2)	阻抗性 (4)	感應性 (3)
電壓波形(μs)	--------	1.2/50	1.2/50	--------	10/700
電流波形(μs)	10/350	8/20	--------	10/350(10/250)	5/350

出處：摘錄自JIS C 5381.22：接續於通信信號回線SPD的選定與適用基準(部分變更)
註解：表2.1中的記號(1)~(4)及(S1)~(S4)與圖2.1中的記號相互對應

2.2 雷突波(Surge)的侵入與流出路徑

在建築物的落雷(直擊雷)及建築物附近落雷的假設點時，經由屋外的配電纜線所感應的雷突波(Surge)侵入建築物內及流出路徑，如下圖2.2所示。

2.3 落雷時電氣 / 電磁組合形態引起的雷害

落雷時之電氣 / 電磁組合形態，如圖2.2所示，依據雷突波侵入與流出路徑的假設雷害點，分別說明如下：

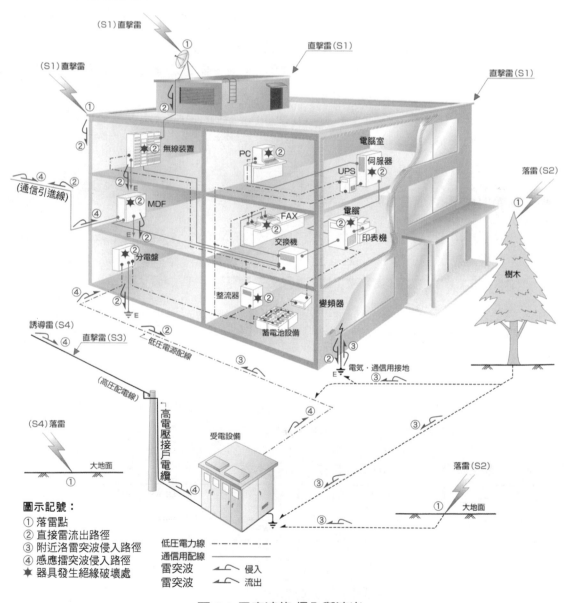

圖示記號：
① 落雷點
② 直接雷流出路徑
③ 附近落雷突波侵入路徑
④ 感應擋突波侵入路徑
★ 器具發生絕緣破壞處

低壓電力線 ------
通信用配線 ———
雷突波　侵入
雷突波　流出

圖 2.2 雷突波的 侵入與流出

2.3.1 建築物直擊雷 (S1) 引起的假想雷害

1) 圖2.2所示記號①：直擊雷 "雷擊點"。(雷直接落於大地側的位置，稱為直擊雷的雷擊點。)

直擊雷即為一般所說的落雷，大地側直接遭受落雷的端點稱為雷擊點。先有雷雲接近至大地的先驅放電(Stepped leader)，之後從大地側朝著先驅誘發位置放電。建築物的屋頂及其突出部 (例如欄杆角落、女兒牆)，易成為落雷的雷擊點。

雷害1：雷擊點若為金屬材料；雷電流的大小與雷擊點的材質、厚度、粗細等條件與受害程度都有關，其金屬構造體有熔化及受損壞之危險。

雷害2：雷擊點若為非金屬；由於絕緣破壞時所產生的弧光放電會產生高熱，致使周邊的空氣及水分急遽膨漲，以致非金屬構造體若為混凝土水泥或為石材時，則有破損散落於地面的危險。

雷害3：如果雷擊點的周邊有可燃性材料時，也有發生起火燃燒的情況。

2) 圖2.2所示記號②：雷電流的路徑與落在建築物上向外部流出的雷電流，經過容易流通的路徑，流至大地。如果建築物為金屬構造體時，其所流通的路徑將藉著建物的鋼構流至大地。又雷電流的路徑過於接近建物的屋內配線(電力線 通信線)時，將破壞空氣絕緣，使雷電流經由屋內配線流至大地。若大雷電流時，依照其流出路徑不同阻抗，使電壓上昇，產生電位差，因此破壞接在屋內配線上的機器、設備的絕緣，並藉由機器的接地流至大地。

雷害1：發生絕緣破壞時，部分雷電流將藉由與接在機器、設備的電力線或通信線的路徑流出屋外，因而擴大屋外機器與家電設施的雷害。

雷害2：發生絕緣破壞時，由於弧光放電所產生的熱及在電氣電子電路流入過大的電流，導致屋內電氣電子機器及其配線類產生破損和燒毀的危險。

2.3.2 建築物近傍雷(S2)引起的假想雷害

圖2.2所示記號③：建築物附近落雷電流的侵入。在建築物附近，如樹木等發生落雷時，雷電流向大地放流，使得周圍的大地電位上昇，此時埋設於近旁的接地線、電力線、金屬製自來水管等引進至建物內，雷電流經由此介面侵入建物內部的機器設備。

雷害：侵入建築物內的雷突波為屋內電氣/通信機器設備發生損害的原因。

2.3.3 線路直擊雷(S3)引起的假想雷害

自電力公司的電力引進線或中華電信的通信引進線侵入的直擊雷，通常在架空線及地下線路的電力線、通信線均設置有直擊雷對策用的避雷器，但是落雷於此等線路上時，經衰減後的雷突波電流(Surge)或避雷器經過動作後殘留的突波電流，會藉由此引進線侵入建築物內。

雷害：侵入建築物內的雷突波對接於電氣/通信等機器設備造成過大的電壓、電流，產生破損和燒毀的危險。

2.3.4 線路附近落雷(S4)引起的假想雷害

圖2.2所示記號④：在屋外纜線附近的落雷，其感應雷突波經由配線路徑侵入屋內，破壞電氣/通信等機器設備的危險。

2.4 年間的雷害金額

(內容略)

2.5 雷害的分析

2.5.1 雷害傾向的分析

以日本『電氣學會技術報告』第902號所刊登的"2.5項雷害傾向的分析"為參考，舉例介紹如下：

雷害事例僅限於對機器所呈現的故障與破損，且不同的機器各有不同的故障內容。

對避雷針直擊雷與近距離感應雷所引起的雷害痕跡，可以目視確認，但大部分的雷害所引起的半導體裝置破損幾乎無法以目視確認。機器破損代表事例，如表2.2所示。

表 2.3 破損事故內容的事例

現象	損害內容	目視確認
商品燒損	避雷器燒損 (超過耐突波的性能時)，阻抗、電容等電子元件燒損，印刷電路板電路斷線等。	可(放電痕跡燒焦煙臭味)
保險絲熔斷	玻璃管保險絲、溫度保險絲等	可
電子元件內部破損	積體電路(IC)電晶體、二極體等	---
電腦程式異常	CPU、程式控制器等	不可
其他	上述的組合電路	---

其次，以器具使用區分作出分類的雷害事例，如表2.4所示。

表 2.4 機器使用區分的雷害狀況

區分	工廠、辦公室等	一般家庭
通信	防災(火災警報、保全)、電話(交換機、DSU)、廣播、LAN(PC、HUB等)、CCTV、電梯控制盤	終端設備、多功能電話、FAX、PC
接地	水處理(揚水幫浦、撒水)、冷氣	冷氣、熱水器、洗衣機
天線	事故案例少	電視、Video
其他	電氣室變換器	日光燈

表 2.4 中通信設備受雷害影響最甚，此等雷害事故以工廠及辦公室為例，分析如下：

工廠及辦公室的雷害分析

在工廠及辦公室等的情況，因各個調查對象擁有的設備規模有相當的差別，發生雷害的機器名稱及數量，如公司內部的LAN區域網際網路、電話回路、火災警報器、監視攝影、空調設備、廣播設備等一切電氣機器受到的雷害很難以數據呈現。其中所謂通信機器的防災系統與電話系統遭受的雷害最為常見，而個人電腦相關設備的雷害卻意外的少。

圖 2.3 為工廠建築物配置與電氣配線的概況圖。

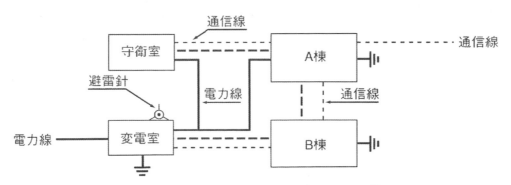

圖 2.3 工廠建築物配置與電氣配線的概況圖

例如由各棟匯集火災警報器、監視攝影、電話回路等的信號線至設置於守衛室的集中監視盤時，在各建築物內與各建築物間所佈滿的火災警報器與保全偵側器，其中有部分遭受雷突波侵入時，此時於信號線所集中的監視盤發生雷害的概率會提高。

關於終端電腦設備，於企業裏，經由電話交換機連接網際網路的情形是相當的

11

多，電話交換機因而形成電源線與通信線的介面時，雷突波是不太容易侵入內部的電腦設備；這是公司內部採用光纖電纜作為區域網路的接續普及化而導至雷害減少。

又，當各個建築物有各自的接地情況下，雷突波自避雷設備、電力線、通信線侵入時，各個建築物的接地電位上昇，連接於各建物間的機器產生電位差因而很容易發生雷害。

以上分析的結果可歸納如下述幾點：

第二章

① 各建築物分散時，因通信回路銜接於建築物間所生成的電位差，易使機器設備發生故障與破損的範圍擴大。(火災警報器、廣播設備、監視攝影、區域網路回路等)

② 在高壓引進的工廠，自輸配電線引起的雷害比較上是少有的，但在外部雷防護系統(避雷針、引下導線、接地)的落雷時，由於接地電位上昇，使地板與建物間產生電位差，所發生的雷害是很常見的。

③ 關於接地，於保全業善於維持管理的立場而言，以單獨接地及多點接地等來評斷雷突波對策的觀點，顯得不太適合的情形，相當的多。

④ 遭受雷害時，以恢復原狀為最優先考量，加上預算經費等的關係，而推遲雷害對策的實施，由此可見到難以執行雷害對策的傾向。

又，據聞在最新的半導體工廠業若遭到雷擊時，生產設備暫時停止運作，所受到的金錢損失，將以數億元計算。也有經由通信回路傳達雷擊預報訊息，於雷擊時，暫時停止生產作業的因應情形。上述的情況，無論遭受雷擊或為避開雷擊而暫停作業，只是在於損失規模大小的區別，但仍然無法擺脫雷擊的威脅。因此 視恢復原狀為最優先考量與推遲雷害對策的實施的思維，值得國人做更進一步的探討。

2.5.2 家電器具的雷害情形

1) 家電器具的雷害調查案例

一般家庭日常所使用的家電器具種類相當多，此等家電器具對於雷突波的耐受性分佈的範圍廣泛，有強也有弱。一般裝設此類器具或使用的場所大多分散於不同的地區與環境，對於雷害的調查而得到個人的資訊有相當的約束性，因此對於此類的調查結果具有得之不易的準確度與信賴性。下列表列的內容即為在此條件下所得到的調查報告資料，以供大家參考。

表 2.5 家電器具雷害調查概要

項目 ＼ 調查 No.	①	②	③
調查年度	1987～1991	1996～1997	2004～2005
調查者	日本電子材料工業會	東京電力 日本電子材料工業會	九州大學 九州電力
調查地區	群馬、秋田、山形、石川	群馬	九州全區
取樣數	3830 當地企業業務員	2194 當地企業業務員	1776 當地企業業務員
調查方法	問卷	現場調查	問卷/現場調查
調查特徵	------	受害器具回收	受害元件回收
受害器具 前 5 名　1 2 3 4 5	TV 電話機 VTR 熱水器 空調設備	電話/含 Fax TV 熱水器 VTR 個人電腦	電話/含 Fax 個人電腦周邊設備 TV 熱水器 空調設備

注）日本電子材料工業會（EMAJ）→（現）電子情報技術產業協會(JEITA)整併

上列表述①②③分別代表三個不同調查時期：

① 代表當時的家電器具類均配備有微電腦機能

② 代表 IT 化的進行時期(IT 化：資訊化)

③ 代表 IT 化已滲透到社會中，大體上可假定已普及化

在各個調查時間點，可了解受到雷害的器具種類隨著時代的變遷而跟隨著變化，對於被保護對象的家電器具的構成種類與數量亦產生變化，而無法做出簡單的比較，至於全體性的比較，可由下述的趨勢更形顯現。

a. 器具的使用區分種類與雷害

發生家電器具的雷害是與其器具的使用狀態有所關連性，表2.6即為依據家電器具的使用狀態所列出的區分類別，做出調查檢討。以3次各個調查結果，將受到雷害的全數器具對家電器具的使用區分類別算出的百分比。圖2.4即為器具使用區分類別受到雷害的百分比，如天線系列器具的雷害百分比減半；對於需接續通信線及AC電源兩方的電話/Fax、個人電腦器具與需接續AC電源及個體接地的熱水器、空調設備等器具類，其雷害百分比約增加2倍。

表 2.6 依據家電器具使用狀態的區分

區分	器具使用狀態	分類例
（Ⅰ）	非接地器具 （接續 AC 電源、而個体不接地的器具）	吸塵器、日光燈
（Ⅱ）	接地器具 （接續 AC 電源、個体有接地的器具）	熱水器、空調設備
（Ⅲ）	ANT 器具 (接續 AC 電源、有天線的器具)	TV,VTR
（Ⅳ）	通信器具 （須同時接續 AC 電源與通信線的器具）	電話/Fax、個人電腦

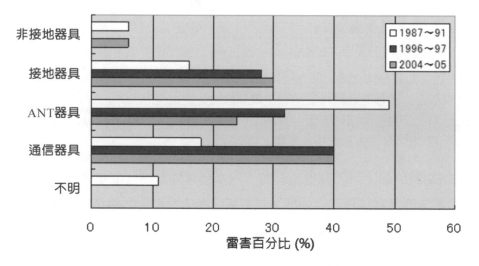

圖 2.4 器具使用區分類別的雷害比例

b.受到雷害器具的概要

　　如表2.5所示的內容，③ 的調查資料顯示出受到雷害的數量以電話/Fax、個人電腦類的器具為最多。如前述，因為器具同時接續著AC電源與通信線時，使得雷突波很容易通過器具內的電子電路，且該器具類的設置量增加。

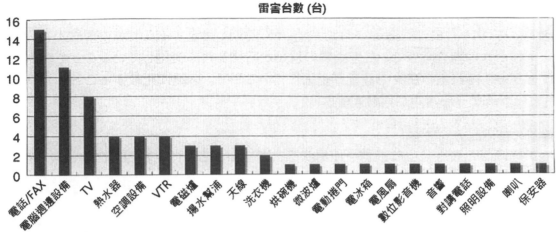

問卷調查的結果：於46個家庭訪查中有67台器具發生雷害事件(保安器除外)

圖2.5 2004~2005 調查時的雷害器具細目

c.雷害發生率(%/家庭/年)

如圖2.6雷害發生率(%/家庭/年)所示，第3次所調查的雷害發生率與過去2次雷害發生率比較後，確實大幅度的增加。這是由於程式電話、傳真機等通信器具與生活環境器具、熱水器、IH加熱器普及化的情形下，且構成此等器具用的電子半導體元件在晶片化、薄膜化、低電壓化、高頻化等條件時，很容易受到低能量雷突波影響所及。

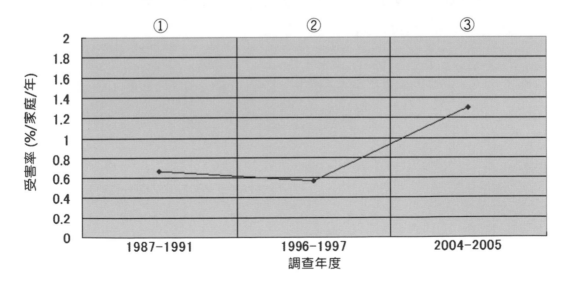

圖 2.6 雷害發生率

2) 家電器具的雷害對策

因雷害發生率(%/家庭/年)超過1%，使得雷害發生率調查結果受到相當的注目。

在一般家庭對於大部分的家電器具絲毫不施以雷害對策的現況下，使得這個數據在感覺上是比較偏高的說法是可以理解。

一般家庭的家電器具就如圖2.5所示，為廣泛範圍器具類的總稱。依據此等器具的使用狀態在表2.6已適當的做了區分，因為各區分的器具對於雷突波的防護方法有所不同，如能依其狀態設置適合的雷擊防護器(SPD)，則多數的家電器具受到雷害的情形即可受到保護。

參考文獻

① 細川　武、橫山　茂、橫田　勤：(家屋內侵入雷突波被害情況的考察)，
電氣學會論文誌 (IEEJ Trans.PE.Vol.I.125，No.2，2005)

② 副田正裕、細川　武、堤內雄大、橫山　茂：(家電器具最近雷害情況的趨勢)，平成18年電氣學會電力／能源部門大會

③ Takesi Hosokawa，Sigeru Yokoyama，Tsutomu Yokota，Yudai Tsutsumiuchi，Masahiro Soeda and Kouichi Sakoda
「Changes of the lightning damage aspect of electrical household appliances and electrical equipment」(家庭用電器具與電氣設備在電害方面的變遷) (IWHV.2007)電氣學會研究會(放電‧開閉保護‧高電壓合同研究會)

第 3 章

綜合性雷防護系統設計

第3章 綜合性雷防護系統設計

如第2章所說的，落雷時發生雷害是源自於4種(S1~S4)組合形態。

所謂 綜合性雷防護系統設計，是對此等組合形態施行必要的對策以防止雷害。

本章為了保護因雷影響所及的被保護物，而提出必要的綜合性雷防護系統設計步驟的概要加以說明。

(1) 本設計指南的適用範圍

一般用建築物為對象，以保護建築物及人命為主要目的，而編輯「建築物雷防護系統」與建築物內部的「電氣／電子設備雷突波防護系統」的設計指南。

(2) 適用基本規格

適用日本工業規格(JIS)或國際電氣技術委員會(IEC)規格

1. 建築物雷防護系統的適用規格：

   JIS A 4201：2003「建築物雷防護」(IEC 61024.1：1990)

2. 電氣／電子設備雷突波防護系統的適用規格：

   JIS C 0367.1：2003「雷的電磁脈衝(Impulse)防護」(IEC 61312.11)

註：本設計指南用語說明

① LPS (Lightning Protection System)：雷防護系統(IEC 61024.1：1990)

   JIS A 4201：2003規定對於建築物及人命的雷防護，由外部雷防護系統與內部雷防護系統所構成

② LEMP(Lightning Electromagnetic Impulse)：雷的電磁脈衝

③ LPMS(LEMP Measure System)：建築物內部的電氣／電子設備雷突波防護系統

④ LPZ (Lightning Protection Zone)：雷防護區域

其他雷害對策的用語：外部雷防護系統參照JIS A 4201「雷防護」

建築物內部的電氣／電子器具的對策參照 JIS C 5381(IEC 61643)「雷保護」

3.1 綜合性雷防護系統的構成

雷害對策必須由綜合性雷防護系統所構築，為了保護建築物及人命的「建築物雷防護系統(外部LPS+內部LPS)」，與為了保護建築物內部的電氣／電子器具類的「電氣／電子設備雷突波防護系統」所構成。綜合性雷防護系統的構成要素與相關規格如圖3.1所示。

採用各個單獨的構成要素，無法發揮雷保護效果。

綜合性雷防護系統的構築有必要對規格加以整合；建築物雷防護系統(JIS A 4201/IEC.61024)與建築物內的電氣／電子設備雷突波防護系統（JIS C 0367.1/IEC 61312.1）的構築裏，因其構成要素「接地系統」與「等電位搭接」有相互關係，於設計／施工時，被要求考慮整合性。

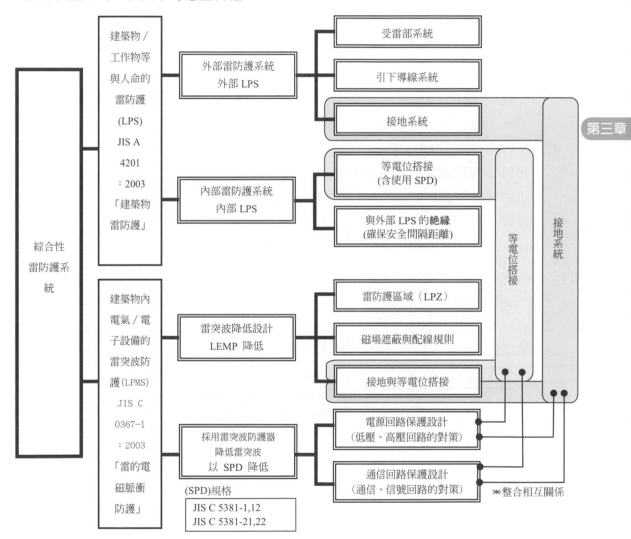

圖 3.1 綜合性雷防護系統的構成要素與相關規格

3.2 雷害對策的設計步驟

綜合性雷防護系統是於建築物受落雷影響時，為保護建築物、人命等被保護物，以建築物雷防護系統(LPS)與建築物內部電氣／電子設備的雷突波防護系統(LPMS)為設計架構。

換句話說，不僅要理解3.1項綜合性雷防護系統的構成，且對LPS、LPMS相關接地及等電位搭接的設計也要有充分考慮的必要。按此實施而達高機率雷防護是可能的，其設計步驟如下所示。

3.2.1 建築物雷防護系統的設計

措施 1：雷的影響時，為保護建築物的被保護物而執行「建築物雷防護系統」設計。建築物的雷防護系統是指確實的捕捉接近的雷擊，且安全迅速的將雷擊電流往大地洩放的架構系統。

步驟 ① 雷防護對策的設計者基於建物所在地的雷害實績、被保護物的重要度，經彙總選定後與業主協議決定雷防護系統(LPS)的保護水準。

步驟 ② 依照步驟 ①接受選定的保護水準後，施行受雷部系統的設計。

步驟 ③接受選定的保護水準後，施行引下導線系統的設計。

步驟 ④接受選定的保護水準後，施行接地系統的設計。

步驟 ⑤施行內部LPS的設計。

　　　⑤-1 施行等電位搭接的設計。⑤-2 施行外部雷防護系統絕緣的設計。

於設計措施 2 電氣／電子設備的雷突波防護系統時，由於步驟 ④ 及 ⑤ 是相當重要的任務，因此在施行措施 2「雷防護區域境界接地與等電位搭接」設計時，須考慮整合性。

建築物雷防護系統的設計步驟流程如圖3.2所示。

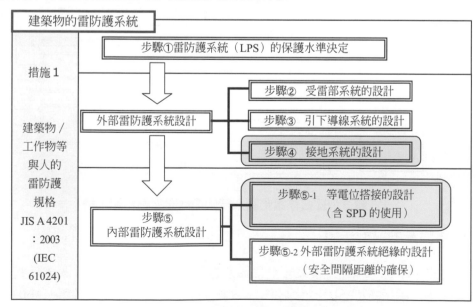

圖3.2 雷防護系統的設計步驟流程圖

3.2.2 電氣／電子設備的雷突波防護系統設計

措施 2：施行電氣／電子設備的雷突波防護系統設計

電氣／電子設備的雷突波防護系統設計是為了合理減低由雷產生的電磁脈衝(LEMP：
Lightning Electromagnetic Impulse)強度，以防止雷害所遵循基本原則的對策。

步驟 ① 分割設備的設置空間成為幾個雷防護區域 (LPZ：Lightning Protection
Zone)。

步驟 ② 在區域的境界施行接地與等電位搭接。

步驟 ③ 施行磁場遮蔽。

步驟 ④ 設置SPD。

施行步驟 ① 及 ④ 時，其與設備器具雷突波耐受量的整合性是必要的。

另外，此處「雷突波防護」用語，是採用 JIS C 5381 系列「雷突波防護」用語。

電氣／電子設備的雷突波防護系統設計步驟流程如圖3.3所示。

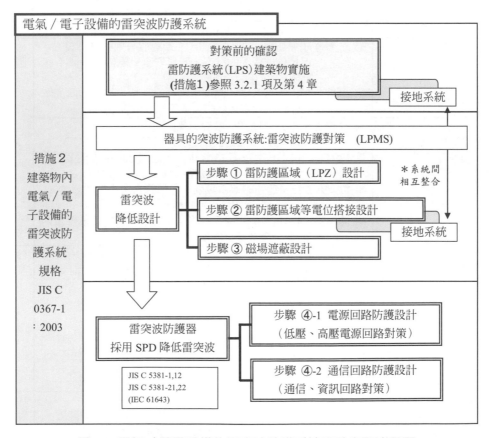

圖 3.3 電氣／電子設備的雷突波防護系統設計步驟流程圖

3.3 相關法規的遵守與規格整合

在日本，大致上雷害對策的設計必須遵守設置雷防護系統所規定的「建築基準法」、「消防法」及「火藥類取締法」等法令。

然而，往往最新雷防護技術適用上，法令與快速技術進展也有無法整合的部分，於是當最新雷防護技術有時候不直接連結上遵守法令的狀況下，技術者常將所關心的最新技術予以推薦，公諸於社會。

3.3.1 相關法規

與雷防護系統相關的「建築基準法」、「消防法」及「火藥類取締法」等規定要點摘錄於表3.1。

表 3.1 雷對策相關法規：主要法規概要

2007 年 7 月

No.	法規名稱	規定概要	備　　註
1	＊ 日本建築基準法	第 33 條：超過 20m高的建築物，必須設置有效的避雷設備。但是依據四周的狀況，若無安全上障礙的時候不在此限。 第 88 條：煙囪、廣告塔、高架水塔、擋土牆，其他此類工作物在政令指定以外時，適用第 33 條的規定。	1950 年 5 月制定
	建築基準法 施行令	第 87 條：風壓力=速度壓 × 風力係數。 ＊適用於避雷設備的風壓強度計算。 第 129 條之 14：基準法第 33 條規定，超過 20m高的建築物的部分必須設置避雷設備，以防雷擊。 第 129 條之 15：前述的避雷設備、必須符合所指定的日本工業規格(JIS)規定的構造。 (依據 JIS A 4201：2003"建築物的雷防護" 所規定「外部雷防護系統」的構造)	
2	＊ 日本消防法	第 10 條：指定數量以上的危險物於交付製造所、貯藏所及取付所的位置、構造及設備技術上基準由政令訂定。	1948 年 7 月制定
	危險物規定 相關政令	第 9 條：於製造所其指定數量在 10 倍以上時，依總務省令規定須設置有避雷設備。但是、依據四周的狀況若無安全上障礙的時候不在此限。 第 10 條：指定數量 10 倍以上危險物的貯藏倉庫：按照前條。 第 11 條：指定數量 10 倍以上屋外油槽貯藏所:按照前條。	
	危險物規定 相關規則	第 13 條之 2：依總務省令所規定的避雷設備，必須適合日本工業規格 A 4201（建築物的雷防護）。	
3	＊ 日本火藥類取締法 施工規範	第 24 條：在地上設置有一級火藥庫，需設置避雷裝置。 第 26 條：在地上設置有二級火藥庫，儘可能設置避雷裝置。 第 30 條：避雷裝置的、位置、型式、構造、材料等需依經濟產業大臣所公告規定內容選用。	1950 年 10 月制定

3.3.2 相關規格

適用於雷防護系統設計的主要規格如表 3.2 所示

a. 建築物雷防護系統

適用規格JIS A 4201：2003「建築物的雷防護」，受雷部、引下導線、接地系統及等電位搭接的設計。其具體的設計方針如第4章所示。

b. 設備器具的雷突波防護系統

適用規格JIS C 0367.1：2003「雷的電磁脈衝防護－第1部：基本的原則」中系統設計的基本規格。其具體的設計方針如第4章所示。

表 3.2 雷防護相關規格一覽表

No.	規格名稱	規格概要	備　註
1	JIS A 4201：2003「建築物的雷防護」	將資訊化社會的雷防護對策使其系統化的性能規格與設置避雷設備於建築物的技術基準，是由下列主要素所構成。 ①一般事項：適用範圍、目的、用語等 ②外部雷防護系統（相當於原避雷設備規格） ③內部雷防護系統：以人命安全對策為目的的等電位搭接 ④雷防護系統的設計、維護及檢查	此規格是依據 IEC61024-1:1990「建築物的雷防護：基本原則」經整合後所制定的。
	JIS A4201：1992 建築物的避雷設備 (避雷針)	於 1952 年制定後，並經過數次的規格修正，由受雷部、引下導線、接地極等所構成的避雷設備規格。 註：此規格為 2003 年修正版且與 2005 年 7 月政令告示第 650 號，可視為 2003 年版規格：外部雷防護系統的適用版。	國土交通省公告內容也可適用於現在法令中外部雷防護系統的設計。
2	JIS C 0367-1：2003 雷的電磁脈衝防護－第 1 部：基本的原則	此規格以防護建築物內電氣／電子設備的雷突波為主要目的，規格的構成要素有磁場遮蔽、接地、等電位搭接及雷突波防護器（SPD）等。	此規格是依據 IEC 61312-1:1995 經整合後所制定的。名稱與 JIS 相同
		＊以上為雷防護系統設計的基本規格。	
3	JIS C 5381-1：2004	名稱：接續在低壓配電系統的雷突波防護器 第 1 部：所要性能及試驗方法	依照 IEC 61643-11： 1998
4	JIS C 5381-12：2004	名稱：接續在低壓配電系統的雷突波防護器 第 12 部：選定及適用方法	依照 IEC 61643-12： 2002
5	JIS C 5381-21：2004	名稱：接續在通信及信號回路的雷突波防護器 第 21 部：所要性能及試驗方法	依照 IEC 61643-21： 2000
6	JIS C 5381-22：2007	名稱：接續在通信及信號回路的雷突波防護器 第 22 部：選定及適用基準	依照 IEC 61643-22： 2004
7	JIS C 0664：2003	名稱：低壓電源系統內器具的絕緣協調 基本原則、性能及試驗方法	依照 IEC 60664-1： 1992
8	JIS C 60364-4-44：2006	名稱：建築電氣設備第 4－44 部：安全保護電壓妨害及電磁妨害的保護	依照 IEC 60364-4-44：2003
9	JIS C 60364-5-53：2006	名稱：建築電氣設備第 5－53 部：電氣器具選定及施工斷路、開閉及控制	依照 IEC 60364-5-53：2003

台灣二年間發生落雷日數 (ISO, Isokekeraunic Level)

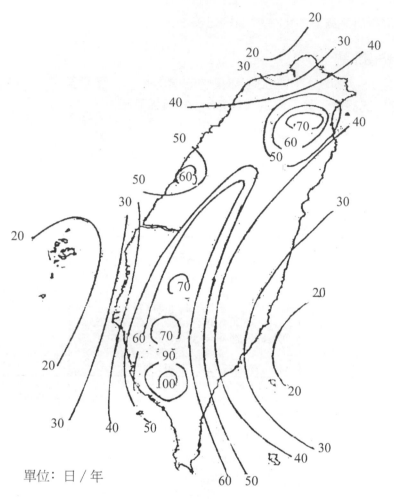

單位：日／年

圖 台灣的年間落雷發生日數圖 [IKL地圖]

　　在台灣，多年前過去 (當天除外) 的氣象資料是屬於軍事機密文件，一般人幾乎無法取得。根據設法得到資料分析1897年至1981年的台灣各地歷年雷暴天 (人工統計) 變化狀況得到如圖 4.2.2 統計。由約80年的統計可以看出同一地的高低之差，恐會達到4：1之大。

　　圖 4.2.2 的統計是1897年台灣初有氣象觀測機構之後的靠值班人員的統計，是氣象觀測站所在地的統計就是習見的IKL值。

　　資料來源：顏世雄「避雷工程」*鼈禾文化事業公司* pp.7 (2007)

第4章

建築物雷防護系統的設計與施工

第4章 建築物雷防護系統的設計與施工

4.1 建築物雷防護系統的設計

4.1.1 雷防護系統的設計步驟

建築物雷防護系統(LPS)的設計步驟如表4.1.1所示

表4.1.1　建築物雷防護系統的設計步驟

對象	步驟	法令遵守
建築物雷防護系統「LPS」的設計 保養檢查參照第 6 章	①根據雷害風險等協議選定保護基準（參照 4.2 項） ②受雷部系統設計 參照 4.4 項） ③引下導線設計（參照 4.5 項） ④接地系統設計 (參照 4.6 項) ⑤內部雷防護系統設計 　⑤-1 等電位搭接設計（參照 4.9 項　4.9.1 節） 　⑤-2 外部雷防護的絕緣設計(參照 4.9 項 4.9.2 節)	建築基準法及消防法、火藥類取締法等規定：(參考) 當建築物超過20m以上高度應設置雷防護系統(LPS)，若與法規規制不相關時，但因建築物的重要性及屬落雷危險區域的自主性設置LPS，也需事前協議及依照JIS A4201:2003規格設置LPS。

4.1.2 建築物雷防護系統的設計流程

建議按照圖4.1.1 LPS的設計流程圖實施

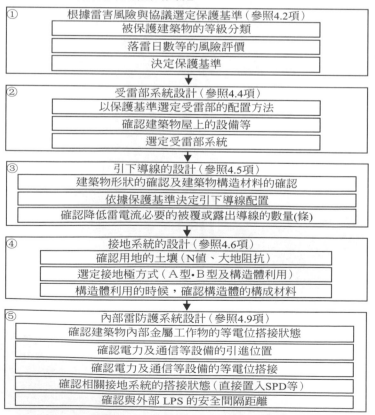

圖 4.1.1 建築物 LPS 設計流程圖

4.1.3建築物雷防護系統的設計調查表

於計畫建築物的雷防護系統設計時，對建築物的構造、形狀及雷防護系統的基本設計指南，並且對雷防護設備的施設狀態於設計變更的部分及竣工檢查等，施以記錄。其所使用的確認調查表，如表4.1.2～6所示。

表4.1.2　決定雷防護基準的調查表

<table>
<tr><td colspan="12" align="center">決定雷防護系統基準</td></tr>
<tr><td>建物概要</td><td colspan="2">○一般建築物</td><td colspan="2">○　危險物</td><td colspan="2">建物高度</td><td colspan="2">GL+　　m</td><td colspan="3">層</td></tr>
<tr><td>建物構造</td><td colspan="2">○　RC 造</td><td colspan="2">○　SRC 造</td><td colspan="3">○　S 造（外壁：　　）</td><td colspan="4">○　木造</td></tr>
<tr><td>基本設計</td><td colspan="4">○　獨立式雷防護系統</td><td colspan="7">○　在被保護物上安裝雷防護系統</td></tr>
<tr><td rowspan="2">防護基準
選擇</td><td rowspan="2">防護
基準</td><td rowspan="2">滾球法
R（m）</td><td colspan="5" align="center">保護角法　h（m）</td><td rowspan="2">網目法
寬度
（m）</td><td colspan="2">引下導線
平均間隔
（m）</td></tr>
<tr><td>20
α（°）</td><td>30
α（°）</td><td>45
α（°）</td><td>60
α（°）</td><td>超過60
α（°）</td></tr>
<tr><td>⇨</td><td>I</td><td>20</td><td>25</td><td>*</td><td>*</td><td>*</td><td>*</td><td>5</td><td colspan="2">10</td></tr>
<tr><td>⇨</td><td>II</td><td>30</td><td>35</td><td>25</td><td>*</td><td>*</td><td>*</td><td>10</td><td colspan="2">15</td></tr>
<tr><td>⇨</td><td>III</td><td>45</td><td>45</td><td>35</td><td>25</td><td>*</td><td>*</td><td>15</td><td colspan="2">20</td></tr>
<tr><td>⇨</td><td>IV</td><td>60</td><td>55</td><td>45</td><td>35</td><td>25</td><td>*</td><td>20</td><td colspan="2">25</td></tr>
</table>

表4.1.3　受雷部系統調查表

<table>
<tr><td colspan="7" align="center">雷防護系統明細</td></tr>
<tr><td colspan="2">選擇要項</td><td colspan="5" align="center">調查項目</td></tr>
<tr><td rowspan="20">受雷部系統</td><td>受雷部構成</td><td colspan="2">○　滾球法</td><td>○　保護角法</td><td colspan="2">○　網目法</td></tr>
<tr><td>受雷部配置</td><td colspan="2">○　突　針</td><td>○　水平導體</td><td colspan="2">○　網目導體</td></tr>
<tr><td rowspan="18">受雷部構成材料</td><td rowspan="4">○ 銅材</td><td rowspan="2">金屬板
厚度</td><td>○ 有孔洞但無妨礙</td><td colspan="2">○不可有孔洞，不適高溫曝曬</td></tr>
<tr><td>下部無可燃物 t ≧0.5 ㎜</td><td colspan="2">t ≧5 ㎜</td></tr>
<tr><td>截面積</td><td colspan="3">○ ≧35 ㎜²</td></tr>
<tr><td rowspan="2">構造體
利用</td><td>○ 橫木</td><td>○ 扶手</td><td>○ 鐵骨材</td><td>○ 無</td></tr>
<tr><td>○ 屋頂材</td><td colspan="3">○ 其他(　　　　　　　)</td></tr>
<tr><td rowspan="4">○ 鋁材</td><td rowspan="2">金屬板
厚度</td><td>○ 有孔洞但無妨礙</td><td colspan="2">○ 不可有孔洞，不適高溫曝曬</td></tr>
<tr><td>下部無可燃物 t ≧1 ㎜</td><td colspan="2">t ≧7 ㎜</td></tr>
<tr><td>截面積</td><td colspan="3">○ ≧70 ㎜²</td></tr>
<tr><td rowspan="2">構造體
利用</td><td>○ 橫木</td><td>○ 扶手</td><td>○ 鐵骨材</td><td>○ 無</td></tr>
<tr><td>○ 屋頂材</td><td colspan="3">○ 其他(　　　　　　　)</td></tr>
<tr><td rowspan="4">○ 鐵、鋼材</td><td rowspan="2">金屬板
厚度</td><td>○ 有孔洞但無妨礙</td><td colspan="2">○ 不可有孔洞，不適高溫曝曬</td></tr>
<tr><td>下部無可燃物 t ≧1 ㎜</td><td colspan="2">t ≧4 ㎜</td></tr>
<tr><td>截面積</td><td colspan="3">○ ≧50 ㎜²</td></tr>
<tr><td rowspan="2">構造體
利用</td><td>○ 橫木</td><td>○ 扶手</td><td>○ 鐵骨材</td><td>○ 無</td></tr>
<tr><td>○ 屋頂材</td><td colspan="3">○ 其他(　　　　　　　)</td></tr>
</table>

表 4.1.4 引下導線系統調查表

雷防護系統明細						
	選擇要項	調查項目				
引下導線系統	引下構成	○ 直接引下		○ 利用構造體		○ 金屬工作物代用
	水平環狀導體	○ 無構造體代用		○ 有導體敷設、使用構造體		
	引下導線構成材料	○ 導線		○ 銅材　　　　　$\geqq 16$ mm^2		
				○ 鋁材　　　　　$\geqq 25$ mm^2		
				○ 鐵、鋼材　　　$\geqq 50$ mm^2		
		○ 構造體利用		○ 鐵骨　　○ 鐵筋　　○ 其他（　　　　　）		
	引下導線平均間隔	引下導線平均間隔（m）	I	II	III	IV
			10	15	20	25
	試驗接續	○ 有　　　○ 無	○ 不要構造體接地極			

表 4.1.5 接地系統調查表

雷防護系統明細				
	選擇要項	調查項目		
接地系統	接地極構成材料	○ 銅　　材	○ 　　　　$\geqq 50$ mm^2	
		○ 鋁　　材	○ 　　不可使用	
		○ 鐵、鋼材	○ 　　　　$\geqq 80$ mm^2	
		○ 接地極最小尺寸 ℓ_1	（　　　　　　m）	
	接地極方式	○ A 型接地極	○ 板狀接地極　　○ 片面 0.35 mm^2 以上	2 極以上
			○ 水平接地極　　○ ℓ_1 以上	2 極以上
			○ 垂直接地極　　○ 0.5 ℓ_1 以上	2 極以上
		○ B 型接地極	○ 環狀接地極　　○ 等價半徑 ℓ_1 以上	
			○ 基礎接地極　　○ 等價半徑 ℓ_1 以上	
			○ 網目接地極	
		○ 構造體利用接地極		

表 4.1.6 其他事項調查表

雷防護系統明細		
	選擇要項	調查項目
其他	附加資料	○ 大地阻抗率測試記錄表
		○ 風壓強度計算書
		○ 其他（　　　　　　　　　　　　　　）

4.2 保護基準的選定

　　為了事前掌握被保護物的雷防護基本要素，對於被保護物所設置的建設基地，應調查其是否為易遭受雷害的區域，按照用途以決定適當的保護效率，妥適的考慮被保護物的種類、重要度等選定保護基準（Protection level），對照保護基準來設計雷防護系統及施工。本4.2項就是對於保護基準的概說。

4.2.1 保護基準

　　對於JIS A 4201：2003規範中保護基準的觀點等於此提出說明。

　　雷防護系統中受雷部為接受雷擊使被保護物不會直接遭致雷害的設施，在從前規範（JIS A 4201：1992）的方法中，對於一般建築物或貯藏相關危險物的設施，規定此保護範圍以使用保護角法60度或45度的數值。可是、根據落雷的實際情形及近年以來雷放電的研究成果，此保護角度無法期待充分的保護是很明顯的。

　　近年，關於輸配電線等電力設備的雷擊遮蔽，於檢討雷放電特性與考慮雷擊遮蔽理論，在輸配電線所設置架空地線的遮蔽角（相當於雷防護系統的保護角），輸配電線等電力設備的高度，明確的與雷擊電流的波高值有廣範圍的變化。此結果，於電力設備的雷擊遮蔽設計裏，使用雷放電特性所具有的雷擊遮蔽理論時，得到良好的雷防護實績。

　　建築物的雷防護，與雷放電特性中雷擊電流大小有關。因此JIS A 4201：2003 中保護基準的定義為「雷防護系統對照效率作出分類用語」，換句話說;保護基準就是「於雷防護系統（LPS）因雷的影響使被保護物受到保護的概率」。致於雷放電，在LPS的保護效率相對於LPS施設狀態的確實率是恰當的思維，保護基準設定為Ⅰ、Ⅱ、Ⅲ、Ⅳ等4級，適當的考量被保護物的種類、重要度等，以選定保護基準。

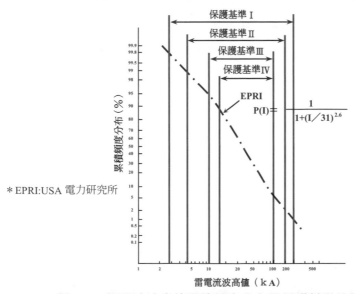

圖4.2.1 雷電流波高值累積頻度分布及保護基準的範圍

參考文獻：「雷與高度資訊化社會」（社團法人 電氣設備學）圖1.4.2加註

1) 保護基準及保護效率

保護基準及保護效率的關係如表4.2.1所示，說明各保護基準於受雷部系統所能捕捉到最小雷擊電流（波高值）與雷擊距離。

對被保護物落雷的雷擊電流小於最小雷擊電流時，雷防護系統有無法保護的情形，表4.2.1所示雷防護系統於保護基準 I 時的最大保護效率98%，無法期望100%保護。表4.2.1所示各保護效率的最大雷擊電流為JIS 0367.1所揭載參考值。

表4.2.1 保護基準及保護效率等（JIS 0367.1：解說志1）

（JIS C 0367-1）

保護基準	保護效率	最小雷擊電流(kA)	雷擊距離(m)	最大雷擊電流(kA)
I	0.98	2.9	20	200
II	0.95	5.4	30	150
III	0.90	10.1	45	100
IV	0.80	15.7	60	100

2) 保護基準選定因素

選定保護基準的主要因素，如 JIS A 4201：2003解說2.1.2項5)列示於下述：

第一須考慮被保護物基地條件之地形及雷害頻率。第二有遭致雷害可能性的被保護物對社會的重要性。

① 被保護物的基地條件

a. 當地的雷擊頻率

b. 地形(平地無四鄰的建築物、山丘或山頂上)

註：4.2.2項，參考日本全國各地「年間落雷發生日數」與「被雷擊危險度」例示。

② 建築物的種類及重要性

a. 建築物的地上高度

b. 多數人聚集的建築物(學校、寺廟、醫院、百貨公司、劇場等)

c. 執行社會上重要業務的建築物(政府機關、電信局、銀行、辦公大樓等)

d. 貴重文化的建築物(美術館、博物館、重要文化保護建築物、古蹟等)

e. 多數家畜收容牧舍

f. 火藥、可燃性液體、可燃性氣體、毒物、放射性物質儲藏所及建築物等

g. 收容大量電子設備的建築物(資訊中心、電信機房等)

註：落雷時假想被害的建築物例示分類如表4.2.2所示

3)保護基準的選定步驟

保護基準的選定步驟如下所示。

＊選定步驟：開始→① 各種因素的評價→② 綜合評價→③ 決定保護基準→結束

參考性的保護基準

依規格JIS A 4201：2003 解說，保護基準的選定大致上的標準為：一般建築物的保護基準 IV，危險物相關儲藏所、建築物等的保護基準 II 為最低基準，再依據基地條件、建築物的種類、重要性可選用更高的保護基準。另，日本消防廳於2005年的通達書表示危險物相關的設施，原則上列為保護基準I，但是以雷的影響考慮保護或然率為合理的方法可決定其為保護基準 II。

表4.2.2 建築物的分類例及可能雷害

（資料：IEC 61024-1-1 Table 1）

第四章

建築物的分類	建築物的種類	落雷的影響（可能雷害內容）
1.一般建築物 ＊ 參照附註	a. 住宅	電氣設備的破損、火災及物的損害。 通常被害為雷擊點或位於雷電流路徑的物體。
	b. 農場	火災與危險的步級電壓引起的一次風險。電源喪失引起的二次風險。換氣、飼料供應系統等的故障引起家畜的生命危險。
	c. 劇場學校 百貨公司 體育場	電氣設備損害引發的恐慌（例照明被害）。火災警報器的故障導致疏散動作延遲。
	d. 銀行 保險公司、辦公大樓 等	c 項的雷害。及通信連絡斷絕、電腦故障及數據喪失所引起的損害。
	e. 醫院 老人之家 監獄	d 項的雷害。及集中治療中的病患問題及行動不便者救出困難。
	f. 工業設施	自輕微損害至重損害與生產停止等。各工廠有不同損害內容。
	g. 美術館、文化古蹟	無法彌補的文化遺產損失。
2.建築物內藏的危險因素	通信基地、發電廠	無形的公共服務喪失。火災等的結果波及周圍危險。
3.對周圍有危險的建築物	a. 煉油廠、加油站 b. 爆竹工廠 c. 軍需工廠	火災及爆炸引發工廠及其周邊招致危險。
4.對環境有風險的建築物	a. 化學工廠 b. 核電廠 c. 生化研究所及工廠	對當地及地球環境產生有害影響,並波及工廠火災導致機能不全

＊備註：落雷引起的過電壓對於耐雷性較弱的電子機器類易於受損傷。
　　　一般建築物意即有可能包含一切建築物內部設置的電子機器。

4.2.2 年間落雷發生日數(日本全國各地例)

　　雷防護系統保護基準選定的重要因素〝年間落雷發生日數〞等最新資料取得是由 Japan Franklin 協助作成。參考資料如下述：

　　往昔(1954~1963)日本對於判斷雷發生的多寡(落雷發生日數)採用日本氣象廳所發表的年間雷雨日數分布圖 (IKL Map：Isokeraunic Level Map)。這個分布圖是氣象廳按照各個氣象所以人所觀測的雷發生日數所作成的資料，以現在來看這是相當舊的資料。因此 JLPA 為了保護基準的選定，需要最新的「年間落雷發生日數圖」，而委託 Japan Franklin同一關連公司 JLDN(Japan Lightning Detection Network：日本雷觀測 Network) 於 2002~2006間5年的最新觀測數據而作成的(參照圖4.2.2)。

第四章

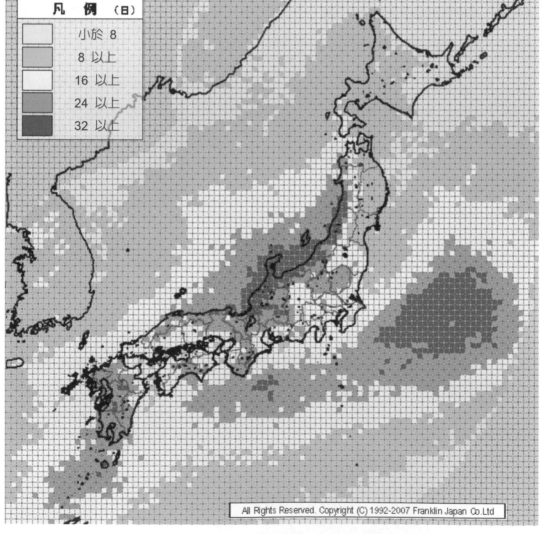

All Rights Reserved. Copyright (C) 1992-2007 Franklin Japan Co.Ltd

圖 4.2.2 年間落雷發生日數圖(2002~2006間5年平均)

圖中日本各地的落雷發生日數是根據每一小方格為20km區分，於各地構成方格中平均捕捉所計算出的。計算出的落雷發生日數為基準分成「多、普通、少」3種分類，多雷地區的年平均24日以上，少雷地區的年平均未滿16日，16日以上至未滿24日為普通雷地區。

4.3 雷防護系統的目的與外部雷防護系統設置例

本節為雷防護系統的目的與系統構成概說。

雷防護系統是以保護會因落雷受到傷害的建築物及人身為目的。因為雷在自然界發生，所以要完全做到保護的工作是有困難的，雷防護系統確實可以減少雷害的風險。

雷防護系統是由外部雷防護系統+內部雷防護系統所構成的，其適用的法規與規格有：建築基準法、消防法、火藥取締法及JIS A 4201：2003(IEC 61024.1)。

4.3.1 外部雷防護系統的目的

外部雷防護系統是由受雷部系統、引下導線系統及接地系統所構成。

為了引接直擊雷而在被保護物設置受雷部系統，作為預防被保護物的破壞為目的。根據後述的滾球法設計技巧及觀點上，作為捕捉部分直接落雷點，即為滾球在受雷部接觸的部位，而滾球不與受雷部接觸的部位，雷是不會直接侵入的。

引下導線系統作為引接受雷部的雷電流，並安全的導入接地系統，視為理所當然的事，與引下導線銜接的水平環狀導體係以引下導線間等電位化為目的。

接地系統係為雷電流洩放至大地時，使整體被保護物與周邊保持著同樣的電位，以使接地電位梯度極小化為目的。雖然接地電阻值與電位梯度減低有關係，但考慮接地形狀與被保護物在配置上的相對關係是相當重要的。

4.3.2 內部雷防護系統的目的

為了減低在被保護物內雷引起的電磁場，於外部雷防護系統追加的措施包含有等電位搭接及確保安全間隔距離。

施行內部雷防護系統，以使被保護物內雷引起的電磁場減少產生火災、爆炸危險及人命危險的恐慌等為目的，等電位化是非常重要的事項。

雖於內部雷防護系統裏作成等電位化是非常重要，即時於建築物內部的金屬體設備下側端接續著等電位化搭接，而金屬體設備上側端與受雷部引上導線間發生的電位差會有放電產生。為此，須確保兩者間不會放電的距離(安全間隔距離)，若無法保持足夠的安全間距時，必須於兩者間施行直接或間接的接續。

　　在JIS A 4201：2003規格裏，由各雷防護基準及流通於引下導線的雷電流、依存在於兩者間相關絕緣材料係數，可計算求出安全間隔距離s。

4.3.3 外部雷防護系統的構成要素及區分圖解

　　外部雷防護系統(LPS)由受雷部、引下導線及接地系統構成，其區分如圖 4.3.1。

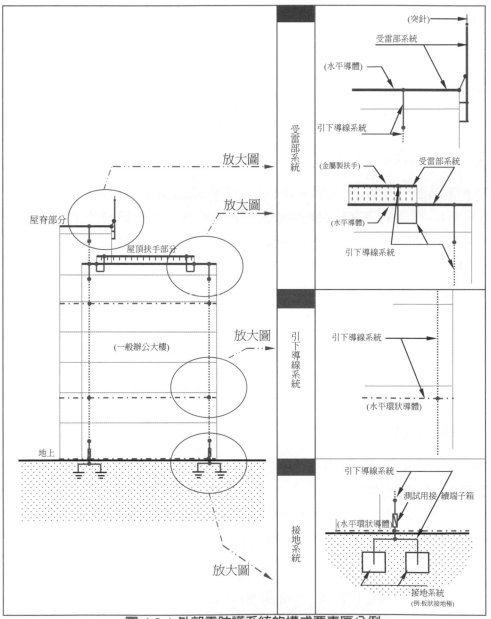

圖 4.3.1 外部雷防護系統的構成要素區分例

4.3.4 建築物的外部雷防護系統設置例

1）一般辦公大樓

外部 LPS 的構成要素

受雷部系統	突針、水平導體
引下導線系統	鋼筋
接地系統	A 型接地極

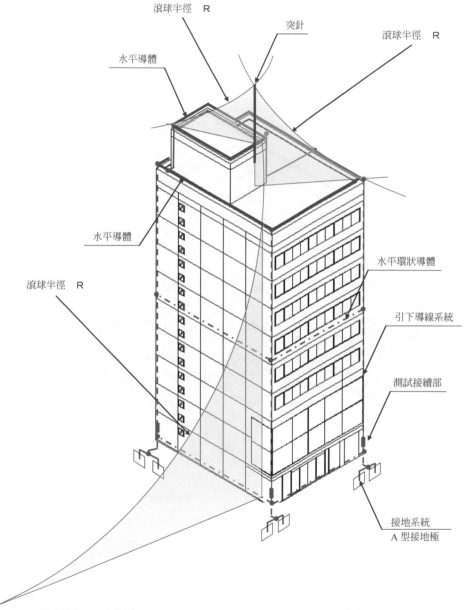

設計指南：一般辦公大樓的情況，以滾球法為基本，作為受雷部的配置。
　　　　　受雷部導體：由水平導體、突針等構成。
　　　　　引下導線：利用構造體鋼筋作為引下導線，以及水平環狀導體。
　　　　　接地系統：A型接地極（板狀接地極）。

圖 4.3.2 一般辦公大樓的外部防雷系統

2）大規模工場

受雷部系統	網目導體
引下導線系統	導線
接地系統	B型接地極

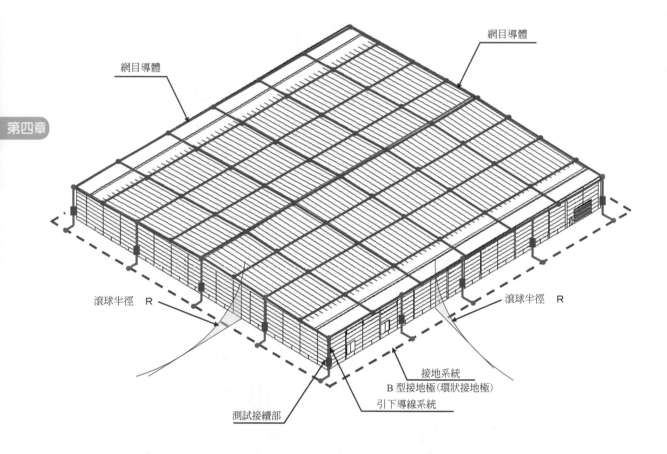

設計指南：大規模工廠的屋頂，因傾斜度小視作為平面的情況，決定以網目法為基本，
配置受雷部，在受雷部的導體採用網目導體。
引下導線採用裸銅絞線沿著外壁引下，接地系統採用B型接地極(環狀接地極)。
水平環狀導體：在屋頂上外周所配置的受雷部導體與環狀接地極共用。

圖 4.3.3 工廠的外部雷防護系統

3) 超高層大樓

外部 LPS 的構成要素

受雷部系統	網目導體及水平導體併用
引下導線系統	鋼骨
接地系統	利用構造體作為接地極

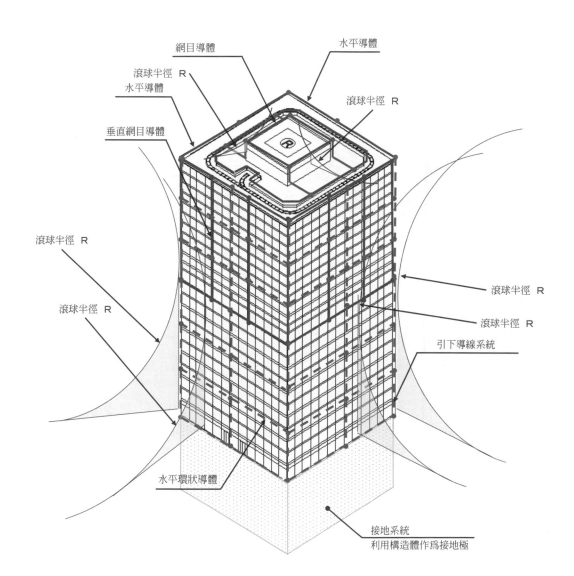

設計指南：超高層大樓要求側壁保護，保護基準 IV，在超過 60 m 高度的側壁面於垂直方向上設
置網目導體。

屋頂上面受雷部的配置：滾球法及網目法，網目導體及水平導體併用。

引下導線：利用構造體鋼骨及水平環狀導體。

接地系統：利用構造體基礎及構造體作為接地極。

圖 4.3.4 超高層大樓的外部雷防護系統

4）危險物倉庫

外部 LPS 的構成要素

受雷部系統	突針
引下導線系統	導線
接地系統	A 型接地極

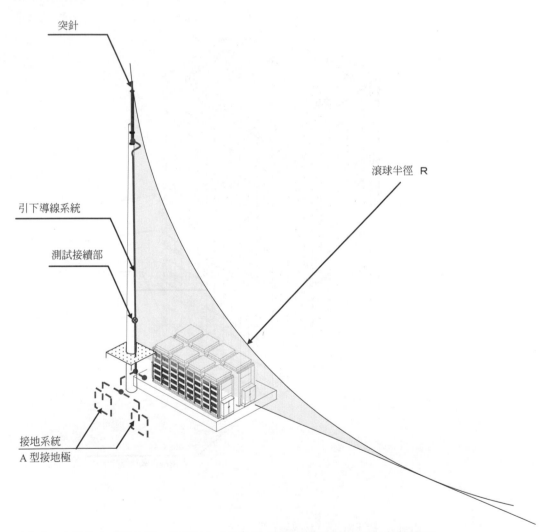

突針

滾球半徑　R

引下導線系統

測試接續部

接地系統
A 型接地極

設計指南：危險物倉庫設計例，此為獨立式受雷部（突針）的設置，滾球法保護狀態。
　　　　　　引下導線：銅絞線。
　　　　　　接地系統：選擇A型接地極（板狀接地極）。
　　　　　　施行等電位搭接：突針部與危險物倉庫的金屬構成部分。

圖 4.3.5 危險物倉庫的外部雷防護系統

4.4 受雷部系統

4.4.1 一般事項

受雷部系統是外部雷防護系統的一部份，接住或引接雷擊(落雷)部份的總稱。

適切的設計足以減少雷擊侵入被保護物的或然率。

從前以保護角作為雷防護系統受雷部的保護範圍時，對一般建築物及危險關連設施各採用60度、45度。然而 至今以落雷的實績及根據雷的放電研究，依這個角度數值並不一定能期待著完全的防護已是很明顯的事了。 於JIS A 4201：2003 中，對於「建築物的雷防護」計算受雷部的防護範圍，基本上是以雷放電理論為基礎，採用以雷擊距離為中心點的「滾球法」。本節將就此說明受雷部系統的全貌。

4.4.2 受雷部的構成要素

引接直擊雷的受雷部(金屬體)是由下列各要素或其組合所構成的。

① 突針：突出於空中的受雷部

② 水平導體：屋脊、女兒牆、屋頂上或空中架線所設置的受雷部

③ 網目導體(Mesh)：作為受雷的目的，密佈於被保護物的網狀導體

4.4.3 受雷部的配置(防護範圍推算)

必須依照表4.4.1保護基準等要求事項，並合適的設計受雷部的配置。

下列a.b.c三種方法可個別使用或組合使用。

a). 滾球法：球體滾動於受雷部同時有2個以上的接觸點或於受雷部有1個以上與大地同時的接觸點時，球體表面兩條切線交差的陰影區，即為被保護物側的保護範圍。

b). 網目法：網目導體的覆蓋面即為防護範圍。

c). 保護角法：自受雷部上端的垂直線與兩稜線所形成的保護角，其內側即為保護範圍。

綜合檢討被保護物形狀及設置受雷部系統的建材與形狀，以配置有效率的受雷部。

表4.4.1 按照保護基準的受雷部配置

保護基準	滾球法 R（m）	保護角法　h（m）					網目法 寬L（m）
		20	30	45	60	超過 60	
		α（°）	α（°）	α（°）	α（°）	α（°）	
I	20	25	＊	＊	＊	＊	5
II	30	35	25	＊	＊	＊	10
III	45	45	35	25	＊	＊	15
IV	60	55	45	35	25	＊	20
＊僅適用於滾球法及網目法。							

備註：1. R 表示滾球法的半徑。

2. h 表示自地表面至受雷部上端的高度。
平屋頂時的高度 h 可視爲自平屋頂至受雷部上端的高度。

依照各種受雷部的配置方式，推算保護範圍的要領說明如下：

a. 滾球法

　　滾球法，按照保護基準的球體半徑R，於受雷部間有2個以上或於受雷部與大地面間同時接觸滾球時，自滾球表面的曲面(包絡面)至被保護物側的區域即爲保護範圍。

表 4.4.2 按照保護基準的滾球半徑

保護基準	滾球法 半徑R(m)
I	20
II	30
III	45
IV	60

　　一般大樓受雷部為水平導體與網目導體時，依據滾球法的保護例，如圖 4.4.1 所示。

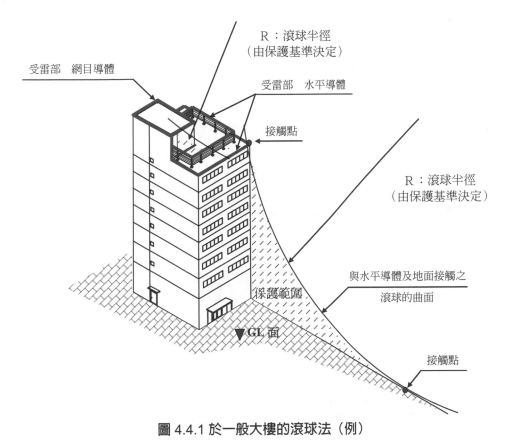

圖 4.4.1 於一般大樓的滾球法（例）

第四章

1. 突針(附支持管)的必要長度計算(例)

除了保護建築物以外,必須依據在屋頂上設備的俯視圖、立體模型或多數的剖面圖以確認保護空間中有的事物。例如根據剖面圖保護的確認方法而言,以突針與水平導體保護屋頂上平面 設備的時候,突針長度的決定方法,如圖4.4.2所示。

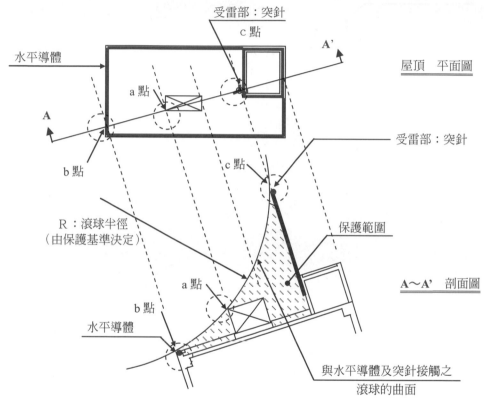

圖 4.4.2 按照剖面圖決定突針長度的方法(例)

決定突針(附支持管)長度的步驟

1)按照屋頂平面圖決定突針的位置,離突針最遠的設備機器點(a點)與突針連接成直線,其延長線至水平導體點(b點)。

2)自a點及b點引出的垂直虛線作成A.A'剖面圖。

3)畫出A.A'剖面圖a點及b點與對應保護基準圓的半徑接觸(滾球的曲面與地面垂直的剖面),作成與突針位置垂直線的交叉點(c點)。

4)圓弧與a點、b點、c點接觸形成滾球的曲面,於保護a點的A.A'剖面圖c點上方設置突針即可。

5)同樣的,確認機器設備的第2、第3、‧‧遠離點的手法可求出必要的突針長度。

6）同樣的，其他的機器設備也是在各剖面圖中最高位置c點上方設置突針時，所有的機器設備不與滾球的曲面接觸，就是在保護範圍內。

2. 圍牆百頁窗內機器設備的雷防保護(例)

圍牆百頁窗內機器設備的保護，以圍牆百頁窗內設置的水平導體作為保護時（無法由網目保護法構成的情形），滾球進入百頁窗內部的深度需計算，必須確認機器設備是否有進入保護範圍內（機器設備不與滾球的曲面接觸）。

機器設備的高度大於圍牆百頁窗時，設置突針，以突針與水平導體間的滾球法，使機器設備進入保護範圍內。

僅在圍牆百頁窗設置水平導體的防護時（無法確保網目寬在規定尺寸內的情形），滾球進入導體間的深度P，可依據式4.4.1來求得。(參照圖 4.4.3)

$$P = R - [R^2 - (d/2)^2]^{1/2} \qquad 式\ 4.4.1$$

P：球體進入深度， R：球體半徑， d：受雷部間的距離

水平導體 2 點間於最短距離情況下，必須確認機器設備不可與滾球的曲面接觸。

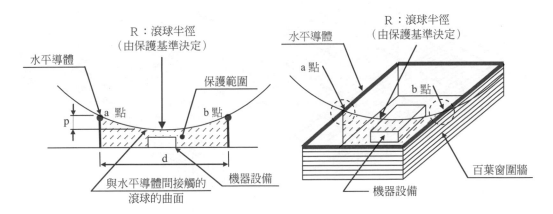

圖 4.4.3 滾球進入深度（參考）

必須以圖4.4.3作為檢討滾球的曲面、水平導體間最短的間隔距離。

b. 網目法

所謂網目法，就是以網目導體四周圍內側的空間作為保護範圍的方法，且由保護基準決定網目間隔寬度。

表4.4.3 保護基準對應的網目間隔

保護基準	網目法間隔 L(m)
Ⅰ	5
Ⅱ	10
Ⅲ	15
Ⅳ	20

1. 工廠屋頂的雷防護

於工廠的屋頂面以網目法作為保護的情形，如圖4.4.4所示。

圖示的例子，在屋頂上及側面上方沒有任何突出物。

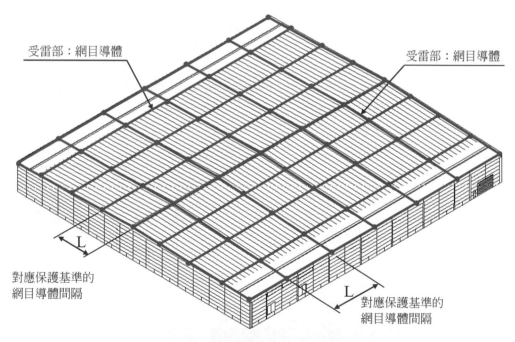

受雷部：網目導體

受雷部：網目導體

L

對應保護基準的
網目導體間隔

L

對應保護基準的
網目導體間隔

圖 4.4.4 以網目法保護工廠的屋頂面（例）

＊ 決定網目導體位置的步驟

1) 設置網目導體於外周邊部及棟樑部。

2) 包括圍面的縱、橫，依據保護基準所對應導體間隔等分割設置。

（例）按照保護基準Ⅱ 於34m×52m面積設置網目導體（間隔：10m）

$$34m \div 10m = 3.4 \rightarrow 34m \div 4分割 = 8.5m$$

$$52m \div 10m = 5.2 \rightarrow 52m \div 6分割 \fallingdotseq 8.66m（間隔計算結果）$$

一個網目導體的小方格為8.5m×8.66m。

有突出物的情形時,設置避雷針以滾球法或保護角法將突出物納入保護範圍內。更不用說,網目導體必須在保護範圍內。

2. 高層大樓外壁面的雷防護

高層建築物的高度超過滾球半徑以上時,因外壁側面有接觸到球體,所以在外壁面的地方也有設置受雷部系統的必要。

高度超過滾球半徑以上建築物的側面防護,如圖 4.4.5 所示。

設置在側面的受雷部,一般以採用網目法為多數。

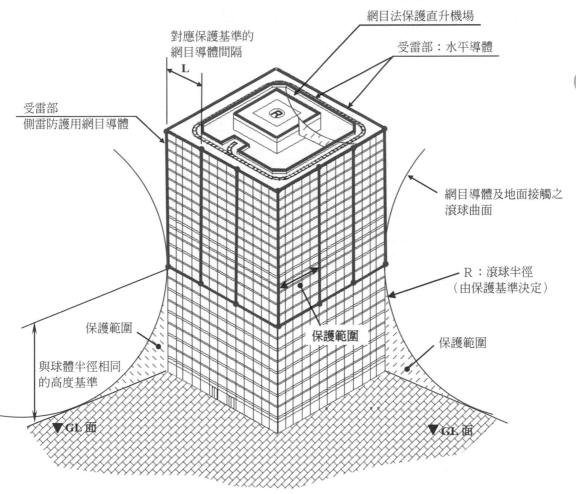

圖 4.4.5 球體半徑以上的建築物側面防護

屋頂上網目導體的邊長有小於表4.4.3規定尺寸的必要，側面垂直部網目導體如圖4.4.5 所示。

C. 保護角法

保護角法是根據滾球法的思路，保護角隨著保護基準及受雷部的高度而變動。

表 4.4.4 保護角法

	受雷部的高度 h（m）				
	0＜h≦20	20＜h≦30	30＜h≦45	45＜h≦60	60＜h
I	25°	＊	＊	＊	＊
II	35°	25°	＊	＊	＊
III	45°	35°	25°	＊	＊
IV	55°	45°	35°	25°	＊
＊記號，表示無法使用保護角法。					

備註：h為自地表面至受雷部上端的高度。但屋頂的部分，h可表示自屋頂至受雷部上端的高度。

表4.4.4的保護角法以立體圖表示時，請參考圖4.4.6。

保護基準 IV 的說明，如圖4.4.6所示。

① 受雷部在GL＋20m以下，保護角55度

② 超過GL＋20m 至GL＋30m 以下，保護角45度

③ 超過GL＋30m 至GL＋45m 以下，保護角35度

④ 超過GL＋45m 至GL＋60m 以下，保護角25度

註記：超過 GL＋60m的情形，無法使用保護角法。

在保護基準 I 的情形，受雷部高度在20m以下時，保護角25度，超過20m的情形，無法使用保護角法，必須以滾球法及網目法保護。

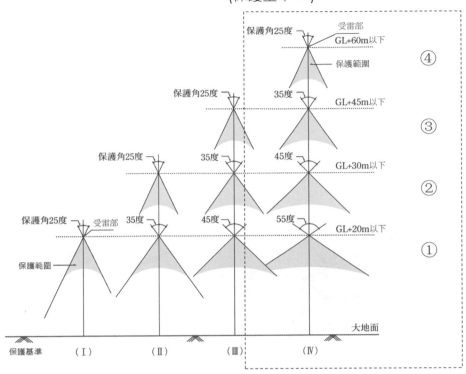

圖 4.4.6 保護角法　保護角的規定

　　特別要注意的是，表4.4.4的保護角法的備註「但屋頂的部分，h 可表示自屋頂至受雷部上端的高度。」這句話以圖 4.4.7 具體的例示說明。

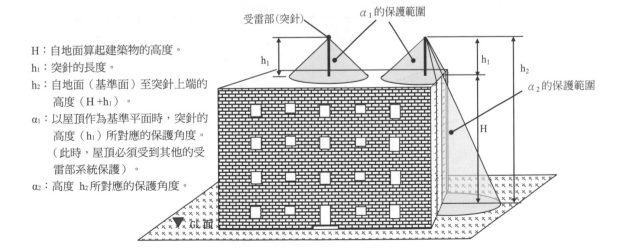

H：自地面算起建築物的高度。
h₁：突針的長度。
h₂：自地面（基準面）至突針上端的高度（H +h₁）。
α₁：以屋頂作為基準平面時，突針的高度（h₁）所對應的保護角度。（此時，屋頂必須受到其他的受雷部系統保護）。
α₂：高度 h₂ 所對應的保護角度。

圖 4.4.7 受雷部的保護角 α₁ (屋頂面)與 α₂ (大地面)

圖 4.4.7 說明了以屋頂面為基準平面時的保護範圍

（角度 α_1 與屋頂上基準面的圓錐影），僅存在於屋頂面的部分受到保護。

角度 α_1 的圓錐影偏離屋頂面的基準平面時，角度 α_2 的圓錐影成為保護範圍。

突針的保護角度及於屋頂上基準平面的那一點，是由保護角度 α_1 及 α_2 決定，請注意不要將保護範圍誤判。

特別是屋上設備置於建築物邊緣部時，在設備與建築物邊緣部之間設置突針時，較大的保護角度才可確保較大的保護範圍，這種手法是比較有效率性的。

參考：保護基準 I 對應各種受雷部方式的保護範圍等的參考例

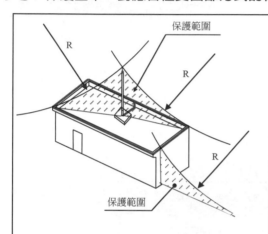

1・以水平導體與突針設置依滾球法
　保護屋頂面。
　R：滾球半徑＝20m

1）滾球法

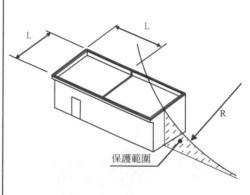

1・網目法保護屋頂面。
2・滾球法保護側面。
　L：保護基準對應網目導體間隔＝5m
　R：滾球半徑＝20m

2）網目法

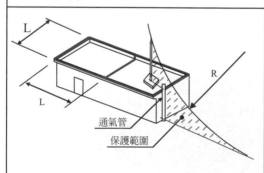

1・網目法保護屋頂面。
2・滾球法保護通氣管。
　L：保護基準對應網目導體間隔＝5m
　R：滾球半徑＝20m

3）網目法及滾球法

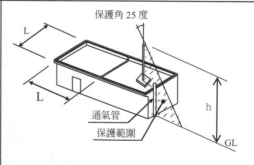

1・網目法保護屋頂面。
2・保護角法保護保護通氣管。
　L：保護基準對應網目導體間隔＝5m
保護角度＝25度（受雷部 h：GL＋20m以下）

4）網目法及保護角法

圖 4.4.8 各種受雷部方式的比較參考圖（保護基準 I）

4.4.4 受雷部配置的留意事項

1) 高層建築物外壁的雷防護

對於高層建築物側壁的雷防護,如圖4.4.5所示,採用網目導體防護對策例。

以高層建築物保護基準 Ⅳ 的說明:

① 地上物60m以下的側壁部分,以球體半徑60m的滾球法施以雷擊的防護。

② 地上物60m以上的側壁部分,必須設置受雷部系統施以雷擊的防護。

此時的受雷部經常使用網目導體,也有在側壁設置銅帶作為網目導體的事例。

可是在側壁設置受雷部時與建築構思等有關係,可能的範圍內,以附帶在建築軀體的金屬製窗框、H型鋼、金屬板幕牆等,期望能加以活用以構成網目導體。

關於側壁雷防護需要的建築構思設計,建築材料的電氣接續及維護等事務,有必要與建築設計者舉行事前協議。

2) 突角部的雷防護

落雷時,自雷雲產生的階梯狀先驅放電(Stepped leader)到達大地附近時,地上物體(建築物、樹木、鐵塔等)的突角部向上放電,兩者結合時,雷雲與大地間形成放電路徑,發光的大電流上昇而形成主雷擊的現象。

建築物縱然是符合JIS A 4201:1992規格上的保護範圍內,在建築物最上面突角部(大都為女兒牆的突角部)混凝土的落雷,可見到破損的事例。(照片4.4.1, 4.4.2)這是可考慮為女兒牆的突角部發生向上放電的現象。

照片 4.4.1 落電造成屋頂女兒牆的破損　　　　　　照片 4.4.2

JIS A 4201：2003
引雷部的內、水平導體及在網目導體外側設置的引雷部有必要盡量配置在外側周圍，設置在邊緣有困難。

因此容易在女兒牆突角部落雷的地方追加設置引雷部會比較適當。

突角部的防護例 如圖4.4.9所示。

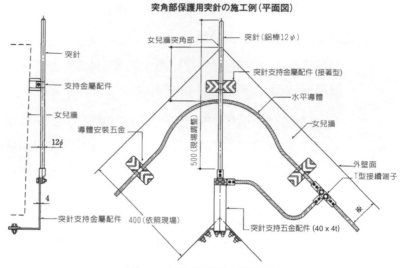

圖 4.4.9 突角部的保護例

4.4.4 受雷部的構成材料"利用構造體"

1）受雷部的最小尺寸

利用構造體作為受雷部的情況時，必須滿足材料的最小尺寸（截面積）。

表 4.4.5 受雷部系統材料的最小尺寸

保護基準	材　料	截面積（mm²）
I ～IV	銅	35（38）
	鋁	70
	鐵	50

備註：（ ）內的數值係JIS規格上的銅絞線尺寸。

表記的最小尺寸僅適用於電氣性能的必要尺寸，不含機械性能壓力腐蝕與施工性等因素。

2）金屬板的厚度

覆蓋在被保護物的金屬板，作為受雷部使用時，必須符合表4.4.6所列數值以上的厚度及條件。

表 4.4.6 受雷部系統金屬板的最小厚度

保護基準	材　料	厚度 t（mm）	厚度 t'（mm）
I ～IV	鐵	4	0.5
	銅	5	0.5
	鋁	7	1
厚度 t　（㎜）　：	**不可以有孔洞，不適合高溫曝曬。**		
厚度 t'（㎜）　：	有孔洞但無妨礙，**金屬板的下方無可燃物。**		

備註： 1.沒有塗上絕緣材料。

2.薄的塗漆、1mm以下的柏油或0.5mm以下的氯化乙烯，不視爲絕緣材料。

3）金屬管及金屬槽的厚度

管及槽，作為受雷部使用材料時，必須符合表4.4.7所列數值以上的厚度及條件。

表 4.4.7 受雷部系統金屬管的最小厚度

保護基準	材　料	厚度 t（mm）	厚度 t'（mm）
I ～IV	鐵	4	2.5
	銅	5	2.5
	鋁	7	2.5
厚度 t(㎜)：雷擊點(落雷點)於金屬上，內表面的溫度上昇時對內容物不引起危險。			
厚度 t'(㎜)：有孔洞也不會引起危險的情況及不合乎理想的情況。			

備註： 表所示的金屬管及槽係儲蓄水、油等及輸送用管路，

建築用金屬工作物（扶手、支撐架、裝飾用品等），參考表 4-4-6。

4）其他

屋頂構造材的金屬部分（桁架、相互接續的鋼筋）

裝飾用品、軌道等的金屬製部分也可利用作受雷部的構造體。

然而需要注意的，必須滿足表 4.4.5最小尺寸。

若通過可燃性及爆炸性液體配管之接續部用止漏材(Packing)為非金屬製品的材料，不可利用作受雷部的構造體。

4.4.6　受雷部的安裝及接續

1）受雷部的安裝

落雷時因為雷電流的電氣應力，導致振動、雪塊的滑落，為不使受雷部導體有斷

線或是固定鬆弛發生，依據建築物的形狀必須選定金屬器具，以堅固的安裝受雷部。

同時，安裝金屬器具的固定部分，對於建築物的材質必須用不易腐蝕的材質。

雷防護理論上，在建築物的邊緣設置受雷部的水平導體及網目導體時，因建築物的構造關係，有時候在邊緣的安裝工作是困難的。這樣的情形時，盡量靠近邊緣區安裝「4.4.4，2）突角部的雷防護」，以設置受雷部才是良策。

另外，以相同理由，鋁柵欄、扶手等的"構造體利用"，受雷部可能利用的材料，盡量作為受雷部的代用品。

而建築基準法規定關於支持管等風壓的計算，須確認支持管(突針部)風壓強度計算及對於風壓力具有十分強度的必要。

2）受雷部的接續

受雷部導體的接續點必須做到最少的限度。

受雷部導體的接續有黃銅鉛錫合金焊接、溶接、壓接、螺絲、螺帽等方法，於電氣的接續應確實執行，如與「本項1）受雷部的安裝」同樣的不可發生破損或是固定鬆弛，而必須很堅固的安裝。

一般受雷部導體的接續多數以熔接、壓接、螺絲、螺帽施行，JIS A 4201：2003的規格對於接續部必要的數據（接觸面積、截面積、扭力等）沒有明白的記載，因此過於悠閒的施工接續工作是相當危險的事情，以受雷部而言，必要的截面積及厚度須慎重考慮後，使用專用的接續工具是非常重要的。

4.5 引下導線系統

4.5.1 一般事項

引下導線的任務，對受雷部捕捉的雷擊，使雷電流不發生危險的火花放電，且將其傳送至接地極系統。

JIS A 4201：2003規定構築引下導線的基本重要事項如下列2點所述。

① 形成複數並列的電流路徑。

② 保持電流路徑的最小長度。

1）形成複數並列的電流路徑的目的

受雷部系統遭受雷擊的時候，100%的雷電流分配於平均間隔的複數條的引下導線。為減輕2次雷害的影響，設置複數條的引下導線使雷電流分流是有效的。例如圖4.5.1所示的情形，於建築物的四周設置4條相同的引下導線時，每1條引下導線所流通的分流25%雷電流均洩放到各接地極。

　　以建築物構造體的鋼筋鋼骨代替引下導線時，雷電流將對應建築物的柱子數量形成分流，安全的將雷電流導入接地系統。

備註：落雷導致大地電位上昇及依照構造體金屬體代替引下導線時，建築物內部的雷防護說明，請參照本章4.9，4.10節及第5章。

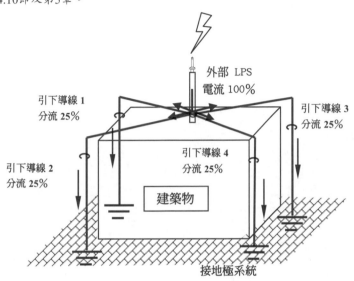

圖 4.5.1 引下導線的分流 (參考圖)

2）保持電流路徑的最小長度的目的

　　保持引下導線的最短長度，外部雷防護系統的受雷部於捕捉到雷擊時，最好及早將雷電流洩放至大地。引下導線敷設時，於建築物內外形成過長路徑的構築，將使引下導線與建築用金屬體之間，增加誘發"危險的火花放電"的可能性。因此，對於引下導線的長度，盡可能以最短方式引下，是相當重要的。

4.5.2 引下導線設計相關基本事項

1）引下導線的配置與平均間隔

　　在JIS A 4201：2003引下導線間隔，就如本書4.9.2項所說明安全間隔距離及相互關係。

　　如圖4.5.2，在開口部大的時候，很容易想定無法維持所規定的間隔。因間隔更寬時，依比例，與引下導線的安全間隔距

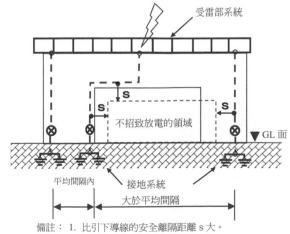

備註： 1. 比引下導線的安全離隔距離 s 大。
　　　 2. 安全離隔距離 s 的計算，參照本書 4-9-2 項。
　　　 3. ┆┄┄┆ 點線部分為不招致放電的假定領域。

離 s 也須預估較為寬大。總之，依間隔比例以阻止"危險的火花放電發生"需較為寬大距離的思維，設計者對此必須有所認識。同時、考慮自受雷部向上擴展先行放電現象大多來自於建築物的突角部，故最好是將引下導線的配置起始於建築物的突角部（角部）引下配置。

2）JIS A 4201：2003規定平均間隔外周長算出

引下導線須選擇保護基準，並對照平均間隔作為基本配置，其平均間隔如表4.5.1所示的各基準的數值。依被保護物所要求引下導線的數量，計算建築物的外周長，選擇保護基準的適合平均間隔以決定配置（參照圖4.5.3）。

保護基準	平均間隔（m）
Ⅰ	10
Ⅱ	15
Ⅲ	20
Ⅳ	25

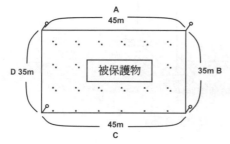

外周長＝A＋B＋C＋D＝45m＋35m＋45m＋35m＝160m
要求條數＝160m／選擇基準規定間隔
例：基準Ⅲ：間隔20m＝160m／20m＝8 條
因而需要 8 條引下導線的配置（條數值計算四捨五入。）
同時配置如右圖所示。

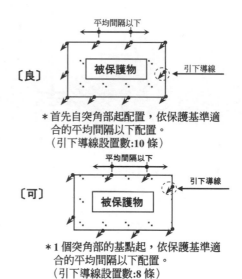

〔良〕

* 首先自突角部起配置，依保護基準適合的平均間隔以下配置。
（引下導線設置數:10 條）

〔可〕

* 1 個突角部的基點起，依保護基準適合的平均間隔以下配置。
（引下導線設置數:8 條）

圖 4.5.3 外周長計算與配置〔例〕

引下導線的配置數計算基準，估計被保護物外周長的方法如圖 4.5.4 所示。

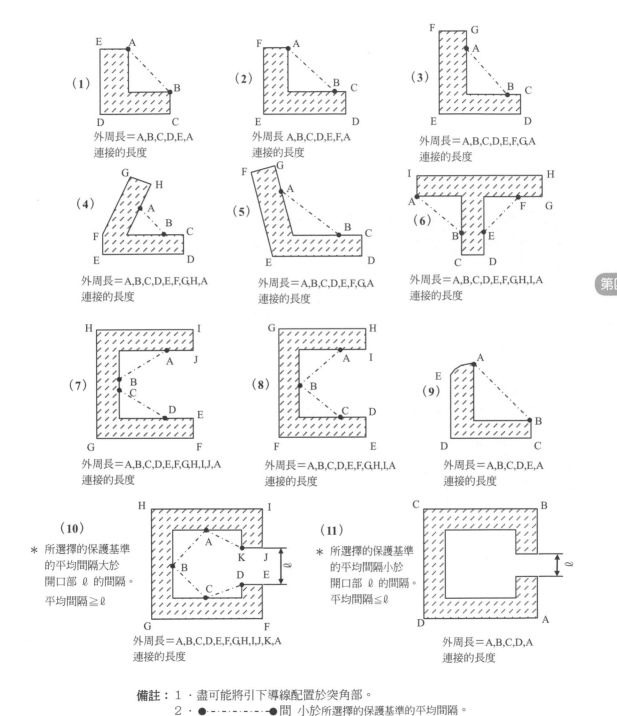

（1）外周長＝A,B,C,D,E,A 連接的長度

（2）外周長 A,B,C,D,E,F,A 連接的長度

（3）外周長＝A,B,C,D,E,F,G,A 連接的長度

（4）外周長＝A,B,C,D,E,F,G,H,A 連接的長度

（5）外周長＝A,B,C,D,E,F,G,A 連接的長度

（6）外周長＝A,B,C,D,E,F,G,H,I,A 連接的長度

（7）外周長＝A,B,C,D,E,F,G,H,I,J,A 連接的長度

（8）外周長＝A,B,C,D,E,F,G,H,I,A 連接的長度

（9）外周長＝A,B,C,D,E,A 連接的長度

（10）
＊ 所選擇的保護基準的平均間隔大於開口部 ℓ 的間隔。
平均間隔$\geqq\ell$

外周長＝A,B,C,D,E,F,G,H,I,J,K,A 連接的長度

（11）
＊ 所選擇的保護基準的平均間隔小於開口部 ℓ 的間隔。
平均間隔$\leqq\ell$

外周長＝A,B,C,D,A 連接的長度

備註： 1．盡可能將引下導線配置於突角部。
2．●------------● 間 小於所選擇的保護基準的平均間隔。
3．開口部 ℓ 的間隔小於所選擇的保護基準的平均間隔。

圖 4.5.4 外周長的算定方法

第四章

備註：為謀求落雷時接地電位梯度的均等化，順著被保護物的四周配置等間隔引下導線，且盡可能配置於建築物的突角部附近為原則。

圖4.5.4係轉載自JIS A 4201：1992 附圖1。此圖為LPS概要設計時，於掌握引下導線配置的概略數時，是有效的方式。當設計引下導線系統的配置時，以建築物的突角部附近作為基礎起點，對應保護基準的平均間隔以下為基準(表4.5.1)，在被保護物四周施以均等設置。

3）被保護物的外周長測定與其注意事項

前項說明了被保護物的外周長推算及平均間隔，關於引下導線配置，從法律上的觀點解釋時，"建築物的高度超過20m的部分" 有設置外部雷保護系統的義務對象。外周長測定部分時，如圖4.5.5的"斜線部分"為計測的對象。可是JIS A 4201：2003有 "最好順著被保護物的四周配置均等的引下導線" 的規定，因此按照被保護物的高度、形狀變化(外牆縮進等)，有必要對此等的外周長計測、配置及條數作確認。(參照圖4.5.6）

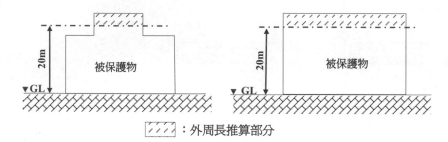

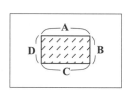

外周長 L＝A,B,C,D 連接的長度

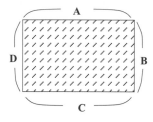

引下導線的條數＝外周長保護 L／選擇基準所標示的平均間隔

圖 4.5.5 建築物高度超過 20m 的部分

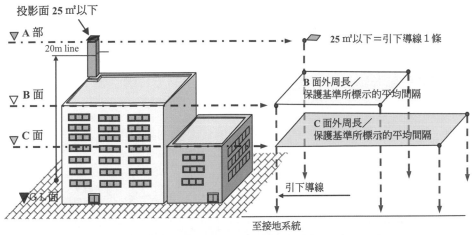

備註：A、B、C 面的外周長有差別的時候、執行各部分外周長的推算，
選擇適合保護基準的平均間隔，配置相稱的條數。

圖 4.5.6 外牆縮進建築物的引下導線算定(參考)

4）引下導線的施工方法

　　引下導線的施工是將導體(裸銅絞線等)直接安裝介於受雷部系統與接地系統之間，按照導線的接續方式，有直接引下方式及利用建築用金屬構造體(鋼筋鋼骨等)作為引下導線方式(利用構造體方式)兩種，視被保護物的狀況選擇適合的方式。

　　對於本項目相關的選擇方式如下述流程（圖4.5.7）所示。

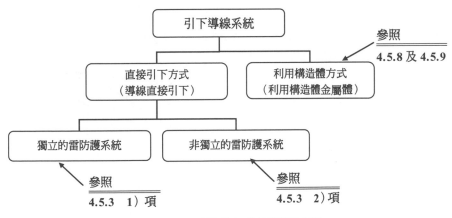

圖 4.5.7 引下方式的選擇流程

4.5.3 引下導線的方式及規定

　　外部雷防護系統根據被保護物可分為 1)獨立的雷防護系統 2)非獨立的雷防護系統，依下述 JIS A 4201：2003 規定，說明兩種引下導線方式的相關規定。

1）獨立的雷防護系統

採用獨立的雷防護系統時，引下導線系統與被保護物內的金屬製工作物間的距離，必須大於安全間隔距離（本章4.9.2）。

關於獨立的雷防護系統，其引下導線的規定說明及具體例如下述所示。

①-1 獨立避雷針

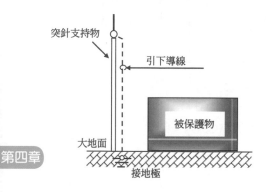

說明：受雷部突針設置於多數獨立的柱子（或單枝柱子）上的情形，於各柱子需要1條以上的引下導線。

①-2 獨立避雷針：柱金屬代用

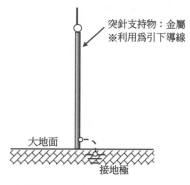

說明：支持柱由金屬或相互接續的鋼筋構成時，不必要設置新的引下導線。

①-3 獨立水平導體

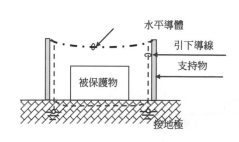

說明：受雷部為獨立的複數水平導體（或1條導體）時，各導體的末端有設置1條以上的引下導線的必要。

①-4 獨立網目導體

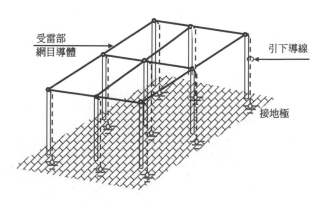

說明：受雷部由網目導體構成時，於各支持構造物需要設置1條以上的引下導線。

2）非獨立的雷防護系統

其雷電流的路徑接觸於被保護物雷防護系統所配置受雷部系統及引下導線系統。配置非獨立引下導線的規定要點，如表4.5.2所示 (JIS A 4201：2003)。

表4.5.2　非獨立雷防護系統引下導線的規定

No	對　象	規　定　內　容
1	引下條數	**對於 1 個被保護物，須有2條以上的引下導線**。但於一般建築物的被保護物水平投影面積在25㎡以下時，1條引下導線就可以。（參照圖**4.5.8**）
2	引下配置	引下導線相互間的平均間隔，如表**4.5.1**所示值以下時，即順著**被保護物外圍**引下。(參考圖**4.5.9**)
3	引下配置	最好將引下導線順著外圍以等間隔配置，並盡可能配置於**建築物各突角部附近**。(參考圖**4.5.9**)
4	水平環狀導體	引下導線必須於**地表面附近及垂直方向最大每20m**間隔與**水平環狀導體**相互接續。(參考圖4.5.9)

第四章

上表的規定，為引下導線順著建築物外壁(外側、內側)直接引下時的基本事項，其概要圖，如圖4.5.9所示。引下導線的間隔，參照表4.5.1。

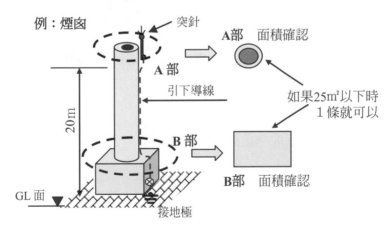

圖 4.5.8 水平投影面積25㎡以下的條件〔例〕

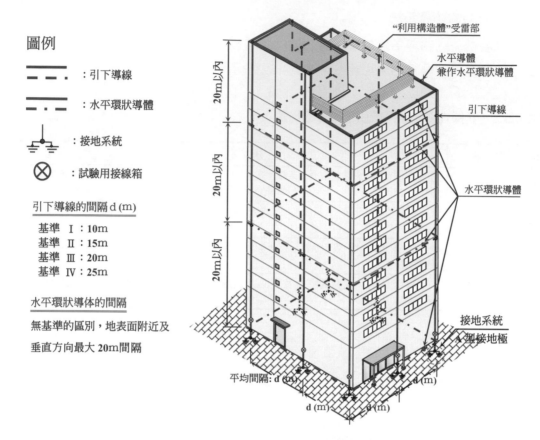

圖例

━ ━ ━ ：引下導線

━━━━ ：水平環狀導體

⏚ ：接地系統

⊗ ：試驗用接線箱

引下導線的間隔 d(m)

基準 Ⅰ：10m
基準 Ⅱ：15m
基準 Ⅲ：20m
基準 Ⅳ：25m

水平環狀導体的間隔

無基準的區別，地表面附近及
垂直方向最大 20m間隔

"利用構造體"受雷部

水平導體
兼作水平環狀導體

引下導線

水平環狀導體

接地系統
A型接地極

平均間隔：d (m)

d (m)   d (m)
d (m)

圖 4.5.9 非獨立引下導線採絞線直接引下的圖例

4.5.4 非獨立引下導線施工上的規定

於設置引下導線於外壁前，須確認建築用外壁材是否為不燃材或可燃材，並參考
圖4.5.10，施以適當的處置。

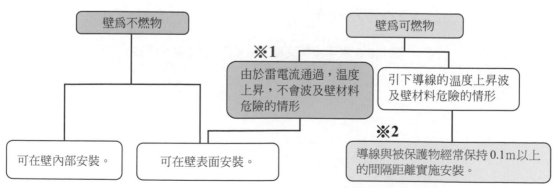

壁為不燃物

壁為可燃物

※1
由於雷電流通過，溫度
上昇，不會波及壁材料
危險的情形

引下導線的溫度上昇波
及壁材料危險的情形

可在壁內部安裝。

可在壁表面安裝。

※2
導線與被保護物經常保持 0.1m以上
的間隔距離實施安裝。

備註：※1，※2 於次頁 1)、2) 說明。

圖 4.5.10 非獨立雷防護系統引下導線安裝規定

1）雷電流通過的溫度上昇

※1 雷電流通過的伴隨溫度

溫度上昇計算公式；R.Foitzik公式：

$$\theta = \frac{\rho \, T_H \, i_m^2}{550 \, \gamma \, C q^2} \, (\text{℃})$$

ρ：阻抗率（Ω/cm）　　　　γ：比重（g/cm^3）
C：比熱（cal/g℃）　　　q：導體斷面積（mm^2）
T_H：電流波尾長（μs）　　i_m：雷擊電流波高值（A）

例：引下導線1條的情形

條件：雷電流　200kA（保護基準 I max值）：波形　10/350μs

代入值：銅線的情形（引下導線）

ρ =1.673×10^{-6}（Ω/cm）　　γ = 8.96
C =0.094（cal/g℃）　　　q = 各銅線截面積（mm^2）
T_H = 350（μs）　　　　i_m = 200000（A）

〔計算例〕：銅線

計算1：銅線　16mm^2　1條**引下導線**的上昇溫度
θ_1=（0.000001673×350×(200000)^2）／（550×8.96×0.094×(16)^2）　$\underline{\theta = 197.5（\text{℃}）}$

計算2：銅線　22mm^2　1條**引下導線**的上昇溫度
θ_2=（0.000001673×350×(200000)^2）／（550×8.96×0.094×(22)^2）　$\underline{\theta = 104.5（\text{℃}）}$

計算3：銅線　38mm^2　1條**引下導線**的上昇溫度
θ_3=（0.000001673×350×(200000)^2）／（550×8.96×0.094×(38)^2）　$\underline{\theta = 35.0（\text{℃}）}$

從上記計算例，16mm^{2}引下導線 θ 1：197.5（℃），加上夏季戶外氣溫 max 40℃，1條引下導線溫度約240℃。但基本上引下導線為2條以上時，上昇溫度與條數成反比下，使每1條引下導線的「上昇溫度」下降。

2）安裝引下導線時隔離可燃物

※2　引下導線隔離可燃物的安裝，可燃性高的建築材與導線間隔尺寸如右圖。

若無法確保 0.1m 以上間隔時，使用絕緣性高的合成樹脂管或具有絕緣被覆的電纜線，小間隔距離的作業是可能的。（依據4.9.2項安全間隔距離 s：以確認抑制火花放電）

備註：建議引下導線安裝支持間隔，垂直時1000mm以下，
　　　水平時800mm以下。

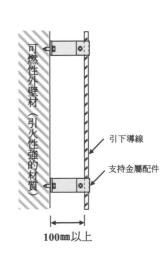

可燃性外壁材〈引火性強的材質〉

引下導線

支持金屬配件

100mm以上

4.5.5 引下導線施工的注意事項

採用非獨立雷防護系統，設置引下導線時應注意事項，如表4.5.3所示。

表4.5.3　設置非獨立引下導線的注意與說明

No	注　意　事　項	說　　明
1	即使是絕緣材料被覆的引下導線，可設也不置在雨水收集管內。	雨水收集管內，因經常有濕氣，明顯的會腐蝕導線。
2	引下導線需與門扇或窗戶實施間隔配置。	間隔即為本章 **4.9.2** 所說明的安全間隔距離 s 的關係。
3	引下導線為對大地最短最直接的路徑構成，必須筆直的且垂直的設置，並避開環狀。 但是、在不得已情形下コ字形也合適。 導線開口2點間的距離 s 及開口點間導線長 ℓ 須合乎本章 **4.9.2** 的說明。	雷防護用導線整體視為共通狀態，將導線設置成彎曲狀的時候，彎曲コ字形部分的導線過度太長的話，於導間間會發生放電。 **如解說圖1**那樣，於コ字形設置彎曲導線時，於是隨著被保護物位置部分的電感值下降的原因，開口端的電位差變大而放電。 コ字形的混凝土、木材形成磨損，而擔心會有破壞，飛散等事故。因此，依照**4.9.2**算出求得不使發生放電的距離。 依據計算式A（參考次頁）算出各保護基準所對照導線長 ℓ（m）如表**4.5.4**所示。
4	引下導線不可隨建築物內的管井而引下。 受雷部 引下導線 管井 接地系統 ✘不可隨建築物內的管井而引下。 **圖 4.5.11 管井內配線〔參考〕**	高層建築等於建築構造上大多採用預鑄混凝土造(PC)，這樣的建築構造於初期計畫階段因無法決定引下導線的設置位置，限於建築物內部空間，可見到隨建築物內的管井而配置引下導線的例子。（參照圖4.5.11） 那樣的配置引下導線，判斷為非常危險的狀況。 ・無法維持引下導線的平均間隔。 ・因與導線間過於貼近，伴隨電磁感應，將誘發危險的火花放電。 ・對電力、通信等導電性部分，預料有突波感應及障礙的問題。 因此必須沿著外圍引下。若將導體於限定的場所隨建築物內的管井而引下，顯然有損於雷防護效果，且危險，這樣的配置萬萬不可。
5	不可設置引下導線於鐵管（鋼管）內。	鐵管（鋼管）為導磁之磁性管。 若設置導線於磁性管內，當落雷時鋼管內產生的磁場，顯然有引起鋼管壓壞作用與變形的情形。

第四章

※ 計算式 A (環狀配線時之導線長度)

安全間隔距離 S 計算式：（本章4.9.2項）

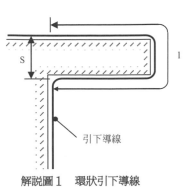

$$s = ki \frac{kc}{km} \ell$$

那麼開口部 $s = 0.3$m 時，求導線長 ℓ（m）

$$s = ki \frac{kc}{km} \ell \text{ (m)} \Rightarrow \ell = \frac{km \cdot s}{ki \cdot kc} \text{ (m)}$$

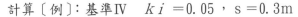

kc：各種受雷部系統的最大值 1（參照表4.9.3）
ki：表4.5.4各基準所示的係數（參照表4.9.4）
km：因有混凝土，取 0.5（參照表4.9.5）
ℓ：ㄈ字型導線長度（m）

引下導線

解説圖 1　環狀引下導線

計算〔例〕：基準 IV　$ki = 0.05$，s $= 0.3$m

$$\ell = \frac{km \cdot s}{ki \cdot kc} = 0.5 \times 0.3 \diagup 0.05 \times 1$$
$$= 3.0 \text{ (m)}$$

因此基準 IV 的時候，ℓ 導線全長必須在 **3.0m**以下。

第四章

安全間隔距離 s 為 0.3m 時，各基準的係數與 ℓ (m)，如下表所示。

表 4.5.4 各保護基準之 ℓ 導線長

保護基準	係數 ki	ℓ(m)
I	0.1	1.5
II	0.075	2.0
III 及 IV	0.05	3.0

*於ㄈ字型設置彎曲導線時，對照上表的保護基準，導線長必須在 ℓ（m）以下。
　備註：係數 ki 參照 JIS A 4201：2003 表8。

4.5.6 引下導線材料與保護

1）材料與尺寸

比較受雷部系統及接地系統，引下導線所使用的材料及尺寸變小，由表4.5.5所示最小尺寸即可明白。在本指南4.5.1項1)所說明的，依雷電流分流的比例，流過1條引下導線的雷電流變小。

表4.5.5例如不銹鋼 (SUS) 等，可作為耐蝕性顯著的建築用構成金屬材料，其雖非如表記被記載著為經常使用的金屬，若有表記最小尺寸的同等以上的導電性及強度時，也可使用。例：不銹鋼 (SUS) 與鐵作為同等品考慮，其最小尺寸與鐵材相同即可。

表 4.5.5 引下導線系統材料的最小尺寸

保護基準	材　　料	引下導線（mm²）
Ⅰ～Ⅳ	銅 鋁 鐵	16（22） 25 50

備註：(　)內的數值係JIS規格上的銅絞線尺寸。

2）引下導線的保護

雷防護用導體基本上是採用裸導線，配置導線因混凝土與腐蝕性氣體直接侵蝕等，而憂慮有明顯的腐蝕，及設置引下導線時擔心金屬建築構造體、金屬工作物體發生電氣腐蝕的情形，必須使用絕緣被覆線(IV線等)及保護配管(合成樹脂管、非磁性管等)以施行腐蝕對策。

配置引下導線於外部壁面，在露出配置引下的情況下，且位於人、車輛等通行頻繁的地點，有可能遭受人為切斷導線，而損害了雷防護的機能。

在此狀況下，為了防止外在的切斷、破損所引起的障礙，需要以保護管來保護導線。舉例來說，於佈設引下導線時，地上2.5m以下至地下0.3m間設置硬質塑膠管或非磁性黃銅管加以保護。如 4.5.5項，表4.5.3,5的注意事項所記述的，不可使用具有磁性體的鐵管、鋼管類，使用非磁性管的時候上下需搭接。(參照圖4.5.12)

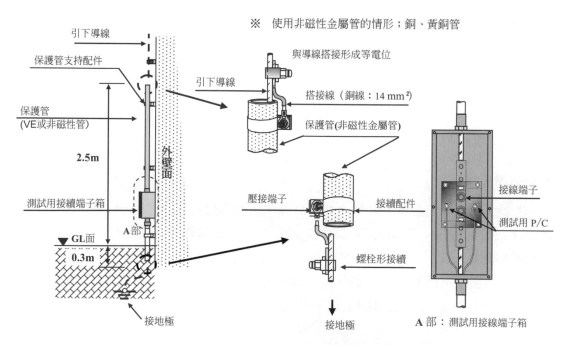

圖 4.5.12 引下導線的保護與保護管的搭接〔例〕

4.5.7 測試用接線箱

依JIS A4201：2003，除〝利用構造體〞引下導線、接地極併用時外，各引下導線與接地系統的接續點須設置測試用接線箱。

從前以監視接地極的電阻值為主要目的，而JIS A 4201：2003規定以監視接地系統、引下導線系統的接續狀態為目的。

接續部通常為閉路狀態。但於測定時，必須在開路的狀態。

在接續部分裏，接觸部的腐蝕及受到機械的破損時，雷防護系統將招致明顯的機能降低，圖4.5.12所示可供設置測試用接線端子箱參考用。

4.5.8 "利用構造體"的引下導線

1）利用構造體作為引下導線的基本事項

建築物等金屬構造體(鋼筋、鋼骨等)作為引下導線的使用方法，從前規格JIS A 4201：1992所記載的方式，於過去擁有許多的實績，是有效的引下導線系統。

而在JIS A 4201：2003規定的鋼骨造、鋼筋造及其他，當建築物相關的金屬構成部材作為引下導線代用的方法，統稱為〝利用構造體〞引下導線。

採用金屬構造體為引下導線的情形，設置於受雷部系統～接地系統之間，在設計、施工時，需確實確認建築金屬體的電氣性能。金屬體相互接續方法，依照JIS A 4201：2003，2.4.2節的準則，以金屬構成材料作為引下導線使用時，如表4.5.6所示。

2）可視為引下導線的建築物金屬部分

　　a）　金屬製工作物。　　　　　　b）　建築物金屬製構造體(鋼骨)。
　　c）建築物相互接續的鋼材(鋼筋)。　　d）裝飾壁材及金屬製裝飾壁的補助構造材。

表 4.5.6 採用"利用構造體"引下導線的確認事項一覽

No	確　認　事　項	適合金屬部分
1	引下導線使用金屬體的截面積，如本章，表**4.5.5**所記載的數值以上。	a）～d）通用
2	可在金屬製工作物上覆絕緣材料。	a）～d）通用
3	於可燃性或爆炸性液體的配管插入非金屬墊片時，不可作為引下導線使用。	a）＊ 系統外導電性部分（桶槽・配管）
4	利用鋼骨構造的金屬構造體或建築物相互接續鋼筋作為引下導線的直接引下方式時，可忽略表**4.5.2**，4說明，因**"水平環狀導體"**可被建築物鋼骨、鋼筋所代用。（須確認金屬體相互接續）	b）、c）
5	・對引下導線的尺寸要求事項需符合，並且厚度**0.5mm**以上。 ・垂直方向的電氣連續性需符合**4.5.8**節說明事項。	d）
6	採用"利用構造體"作為接地極的時候，引下導線部分與接地極基礎鋼筋部的接續要確實，受雷部系統僅與構造體金屬鋼骨、鋼筋的上部作接續即可。（參照圖**4.5.11**）	b）、c）
7	鋼骨構造的金屬構造體或建築物相互接續的鋼筋作為引下導線使用時，**4.5.2** 節3），表 **4.5.2** 所記載的非獨立雷防護用**水平環狀導體**就不必要接續。	b）、c）

備註：若鋼筋相互接續不確實時，利用垂直鋼筋作熔接、以專用 Clamp 接續或
　　　以 **20** 倍以上鋼筋直徑的長度疊合堅固捆紮。（參照**圖 4.5.15**）

第四章

3）PC造(預鑄混凝土)及鋼筋相互的接續確認

　　PC造與鋼筋相互間的機械接續（mechanical joint）構造，此類接續狀態在電氣性上有不確實的情形。因此，作為引下導線所利用PC板內部的金屬部分或鋼筋相互的接續點有必要對電氣的連續性施以確認工作。（參照圖4.5.13）

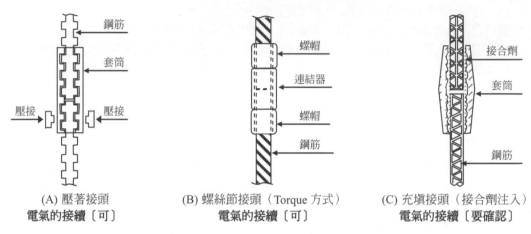

(A) 壓著接頭　　　　　　　　(B) 螺絲節接頭（Torque 方式）　　　　(C) 充填接頭（接合劑注入）
電氣的接續〔可〕　　　　**電氣的接續〔可〕**　　　　　　　　**電氣的接續〔要確認〕**

圖 4.5.13 PC工法主鋼筋接續〔例〕

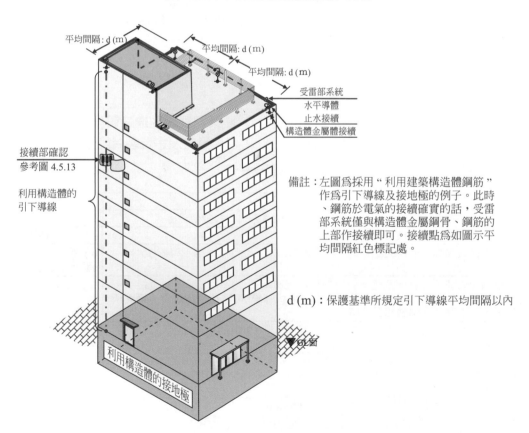

備註：左圖爲採用 " 利用建築構造體鋼筋 "
作爲引下導線及接地極的例子。此時
、鋼筋於電氣的接續確實的話，受雷
部系統僅與構造體金屬鋼骨、鋼筋的
上部作接續即可。接續點爲如圖示平
均間隔紅色標記處。

d (m)：保護基準所規定引下導線平均間隔以內

圖 4.5.14「利用構造體」的引下導線〔例〕

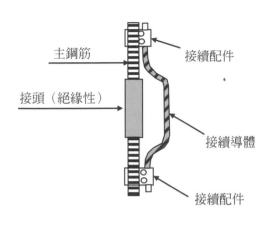

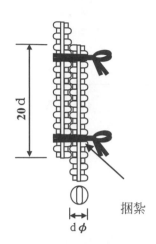

ａ）鉗接接續〔例〕

b-1）捆紮線接續〔例〕

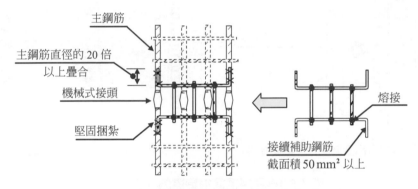

b-2）主鋼筋捆紮接續 〔參考例〕

圖 4.5.15 鋼筋相互接續〔例〕

4.5.9 利用構造體與導線接續

建築物的金屬構造體與受雷部導體接續時，依照JIS A 4201：2003，2.4.2項規定（本章4.7.2）必須對於電氣特性上確實接續。

舉例，於鋼筋、鋼骨接續例，如圖4.5.16～17所示。

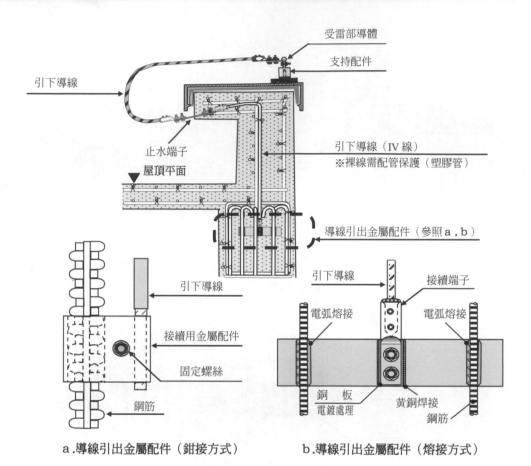

a.導線引出金屬配件（鉗接方式）　　　b.導線引出金屬配件（熔接方式）

圖 4.5.16 利用鋼筋構造體的接續〔例〕

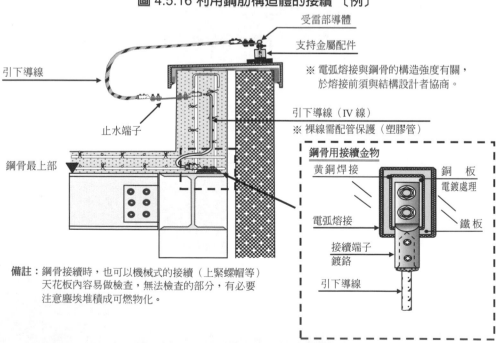

備註：鋼骨接續時，也可以機械式的接續（上緊螺帽等）
　　　天花板內容易做檢查，無法檢查的部分，有必要
　　　注意塵埃堆積成可燃物化。

圖 4.5.17 利用鋼骨構造體的接續〔例〕

4.6 接地系統

4.6.1 一般事項

1）接地系統的目的

雷防護用接地系統的目的，在使雷電流自受雷部系統至引下導線系統的引流路徑中不會產生危險的過電壓，並將雷電流洩放至大地。

落雷時引起大地附近電位上昇，對人畜的感電防護(步級電壓)也是目的之一。

從前對於雷防護用接地極，一直是傾向重視接地電阻值，JIS A 4201：2003對於接地系統的規定，設置接地系統的基本工作是採用同一形狀的接地電極。

2）接地系統的重視事項

歸納JIS A 4201：2003接地系統事項的說明如下：

　　a.接地電極的形狀及尺寸才是接地電阻值的重要條件，但仍然有需要確保接地體的低電阻值。

備註：同一形狀的接地電極，使雷電流均等通過各引下導線洩放為目的，即使被保護物周邊引起的電位上昇也可維持等電位。又接地電阻值降低，雷電流流入時，可見到接地極附近的電位梯度下降，步級電壓因而減低，有益於感電保護。
＊電位梯度與大地電阻率成正比

　　b.以雷防護的觀點而言，整合為單一接地系統較合乎理想。

備註：電力及通信系統的雷防護，整合為單一接地極時，可抑制電位差引起的絕緣破壞。

　　c.接地系統有必要分離的情形，於4.9.1項說明，依據適合的等電位搭接，並整合1點接續。（參照圖4.6.1）

備註：於建物內部設置的電氣/通信系統在不得已需單獨接地時，為達等電位搭接之目的，與搭接板接續以使等電位化。

構築接地系統時的重要事項歸納如下：

① 同一形狀各接地極的電位梯度均等化

② 於建物外圍及地基下面施設接地極以緩和電位梯度

③ 建築物關連的接地系統整合化

附近的落雷，由地底引來的雷突波(Surge)自接地側侵入時，在滿足上述接地系統條件時，則是可以抑制雷害的。

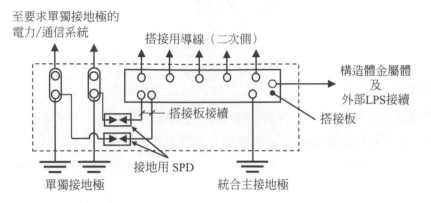

至要求單獨接地極的
電力/通信系統

搭接用導線（二次側）

構造體金屬體
及
外部LPS接續

搭接板接續

搭接板

接地用 SPD

單獨接地極

統合主接地極

圖 4.6.1 接地極與等電位搭接〔例〕

4.6.2 接地系統的設計與計畫

1）接地極與土壤的關係

構築具效果性的接地系統有必要把握計畫用地的土壤狀況。

因此，建築設計者及雷防護系統設計者，於建築工程初期的段階施行土壤調查(鑽探調查)得到N值(土壤硬度)的數據及與接地效果相關的大地電阻率 ρ（Ωm）為重要課題。

N值及大地電阻率的說明如表4.6.1。

表4.6.1　N值及大地電阻率說明

名　　稱	說明（測定方法）與數據收集	相關數值
N　值	**說明：** 以標準貫入試驗方法(standard penetration test)求得 N 值，以表示地基的軟硬度。標準貫入試驗是以質量 63.5kg 的鐵鎚自 76cm 高自由落下，貫入樣品內 30cm 時，所需要的打擊次數(50 次限度)稱為 N 值。 N＝ 2、N＝30 等表示。 **數據收集：** 依據建築地基調查柱狀圖。或鑽探調查所收集土質的資料。	由土壤硬度(N 值)不同顯現需要的接地材料數量、人工費的成本等級差別。 N 值的例示： 砂質層：N=30〜50 粘土層：N=8〜15
大地電阻率 ρ	**說明：** 大地電阻率：大地的固有電阻率(電流在土壤的流通難易度所代表的常數，定義為電阻率)。於1m³的立方體所具有的電阻值為判定的基準，稱為電阻率 ρ 單位(Ωm)。 電阻率 ρ 與電阻值 R 成正比。 **數據收集：** 使用大地比電阻率測量器及接地電阻測量器實際測量，加上解析計算。測定方法參考本書 **7.4** 節	例示： 大地電阻率　ρ＝100〔Ωm〕時、棒狀電極 14φ×1.5m，打進土壤，利用 3 電極法測量時，求得電阻值 R＝65 Ω。

2）接地形狀與電極的最小長度

接地系統的形狀分為A型、B型2種及"利用構造體"接地極，以供選擇。

選擇時，設計者依建築物的規模、形狀及計畫用地的土壤等作檢討。選擇最適合接地形狀為重要前提。(參照圖4.6.2)

JIS A 4201：2003規範，關於接地系統的形狀，電極最小尺寸(長度)的選擇如JIS本文2.3.2，圖2(圖4.6.3）所記載內容。

電極的大小(長度)因與保護基準及大地電阻率 ρ（Ωm）有關連，接地電極的最小長度ℓ_1(m)為決定的必要條件，特別於執行接地設計時，必須認知此為重要事項。

另外施工上的計畫檢討要務，根據原設計圖及計畫妥的接地形狀，盡速確認是否最適合現場的土壤狀態，此為執行接地施工前的首要工作。

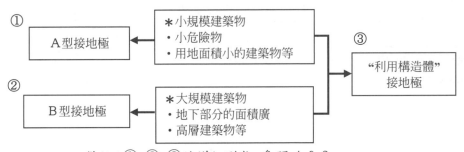

備註：①,②,③的詳細形狀 參照 4.6.3

圖 4.6.2 依據建築物的形狀選擇接地極（參考）

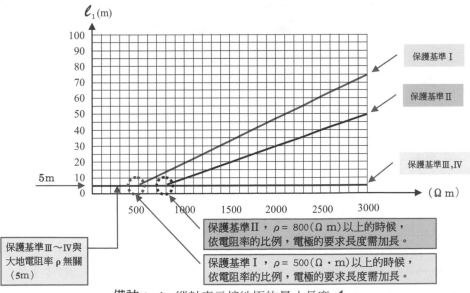

備註： 1. 縱軸表示接地極的最小長度 ℓ_1。
　　　 2. 橫軸表示大地電阻率 ρ（Ωm）。
　　　 3. 大地電阻率的測量參照資料7.4。

圖 4.6.3 對應保護基準的接地極長度ℓ_1

4.6.3 接地極的形狀與規定

接地極的形狀以 A 、 B 型及利用構造體等接地極作為分類，各類的基本形狀說明如下。

1）接地極的構成材料

於接地系統使用的構成材料，JIS A 4201：2003,2.5.2，表4.6.2 記載的材質、尺寸如下列所示。接地極的構成材料適應保護基準 I～IV。

表 4.6.2 接地系統的材料最小尺寸

保護基準	材　料	接地極（mm^2）
I ～IV	銅	50（60）
	鐵	80

備註：( )內的數值，JIS 規格的裸銅絞線尺寸。

第四章

2）A型接地極

A 型接地極由放射狀接地極、垂直接地極或板狀接地極所構成，必須與各引下導線接續。

設置 A 型接地極的相關規定如下：

1. 接地極的數量，必須大於2以上。

2. 放射狀接地極的最小長度，如圖4.6.3所示的 ℓ_1。

3. 大地電阻率低且測得接地電阻R未達10Ω時，不需要依照圖4.6.3所示最小長度ℓ_1。(但是接地極的數量仍須維持2以上。)

a. A 型接地極的形狀說明

除了板狀接地極以外，A 型接地極可單獨或以組合形態設置。各種形狀的說明如下述。

① 放射狀接地極

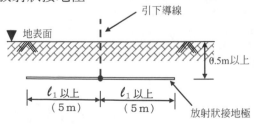

※（ ）內的數值為保護基準 III，IV

放射狀水平接地極 ℓ_1 以上的長度作為接地時，需要設置 2 支 180 度方向的放射狀接地極。

※在無法維持 180 度放射角度的情形時，建議盡可能以近於 180 度放射角度設置

使用材料（參考）：
軟銅、硬銅絞線，棒、平板等（鐵、銅）

② 垂直接地極

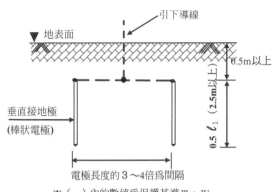

引下導線
▼ 地表面
0.5m以上
垂直接地極
(棒狀電極)
0.5 ℓ_1 (2.5m以上)
電極長度的 3～4 倍為間隔
※（ ）內的數值為保護基準Ⅲ，Ⅳ

棒狀電極以垂直或以傾斜方式打進土壤，考慮接地效果時，以接地極3～4倍長度作為 2 支電極間的間隔距離。垂直接地極與放射狀接地極的組合形態也可使用。

使用材料（參考）：
銅被覆鋼棒、鍍鋅鋼棒等

③ 板狀接地極

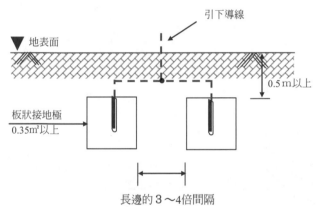

引下導線
▼ 地表面
0.5m以上
板狀接地極
0.35m²以上
長邊的 3～4 倍間隔

第四章

板狀接地極面積須為 0.35 m² 以上，無厚度的規定。（ JIS A 4201：1992 規定厚度最好為 1.4 mm 以上。）

2 片接地電極間的間隔距離需維持接地電極長邊的 3 ～ 4 倍距離。

板狀接地極不需依照 ℓ_1 的長度。

使用材料（參考）：
銅、鍍鋅鋼板等

④ 組合形接地極

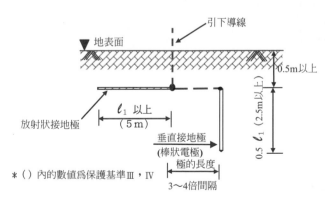

引下導線
▼ 地表面
0.5m以上
放射狀接地極
ℓ_1 以上
（ 5 m ）
垂直接地極
(棒狀電極)
0.5 ℓ_1 (2.5m以上)
極的長度
3～4倍間隔
*（ ）內的數值為保護基準Ⅲ，Ⅳ

組合形態接地極的情況，以合計長度計算（板狀接地極除外）。

使用材料（參考）：
放射狀接地極：軟銅、硬銅絞線，棒、帶狀等（鐵、銅）
垂 直 接 地 極：銅被覆鋼棒、鍍鋅鋼棒等

ｂ. 採用A型接地極的注意點

採用A型接地極時，JIS A 4201：2003提醒的注意點：『在波及到人或是動物的危險區域情況下，必須尋求特別措施。』。此語句所標示的區域與特別措施，說明如下述。

危險波及區域：落雷時，伴隨著接地極附近的電位上昇，引起步級電壓及接觸電壓等對於人畜擔心被害的區域。

特別措施區域：i）引下導線 3 m 以內的區域，禁止進入。

ii）引下導線 3 m 以內的土壤表面層的大地電阻率 ρ 為 5〔k Ω · m〕以上的高電阻率的情況。

(例：舖設有5cm厚的瀝青柏油和15cm厚碎石子的狀態。)

3）B型接地極

B型接地極由環狀接地極，基礎接地極及網狀接地極所構成，必須與各引下導線接續。

B型接地極的形狀如下述說明。

① 環狀接地極

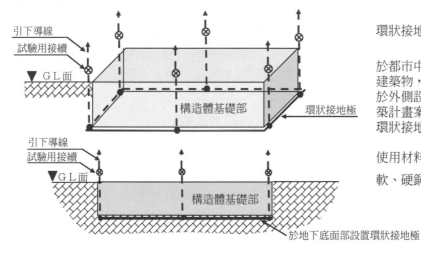

環狀接地極：沿著建物四周設置環狀接地線的接地體。

於都市中心等情況下，有地下層的建築物，爲配置用地基礎，不可能於外側設置環狀接地極，這樣的建築計畫案均沿著挖掘部的外圍設置環狀接地極。

使用材料（參考）：

軟、硬銅絞線，棒、平板等(鐵、銅)

② 基礎接地極

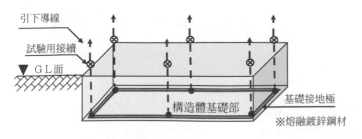

基礎接地極：於混凝土基礎內設置環狀接地導體的方式。

因此，在設計上與利用構造體接地極一定要區別。

使用材料（參考）：

熔融鍍鋅鋼材等

③ 網狀接地極

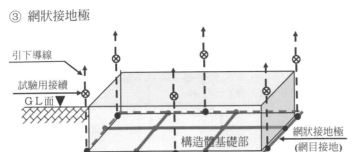

網狀接地極：接地線以網目狀設置的接地體。

於外部LPS，沒有規定網目尺寸，整合電力/通信用接地極的情形時，有必要以其他途徑檢討。

使用材料（參考）：

軟、硬銅絞線，棒、平板等(鐵、銅)

引下導線

試驗用接續

ＧＬ面▼

構造體基礎部

網狀接地極
(網目接地)

第四章

4 ）環狀接地極、基礎接地極的最小尺寸

採用環狀接地極及基礎接地極時，必須注意接地體施設（環狀）的範圍。JIS A 4201：2003規定，圖4.6.3所示環狀的等價半徑在電極的最小長度 ℓ_1 以下時，須追加設置不足規定值的電極長度（不足ℓ_1）"。但是 一般的Ｂ型接地極為大規模形狀，圖4.6.4表示 ℓ_1 的說明參考。

① 等價半徑 r 計算方法

環狀接地極的面積A＝a・b(m²) 等價半徑 r ＝$\sqrt{A／\pi}$(m)

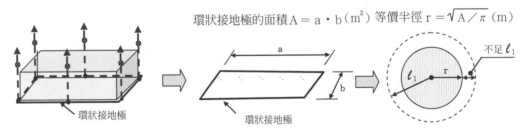

a

b

環狀接地極

環狀接地極

不足ℓ_1

ℓ_1　r

依環狀接地極（或基礎接地極）周圍面積的平均半徑 r 必須大於 ℓ_1 值。

$$r \geqq \ell_1$$

例）環狀接地極的大小，a ＝8m，b ＝4m的長方形。

環狀接地極周圍面積，A ＝ a・b ＝ 8×4 ＝ 32㎡

依據面積計算出等價半徑 r ＝ $\sqrt{A／\pi}$ ＝ $\sqrt{32/3.14}$ ＝ 3.19 m

假設計畫雷防護系統的保護基準為Ⅳ，則接地電極最小長度ℓ_1＝5m

等價半徑 r 未達到規定的數值，不足 ℓ_1＝5m－3.19m＝1.81m

因此，按照下述追加施設說明，設置1.81m以上的電極。

② 追加施設的方法與規定

要求值(不足) ℓ_1使用放射狀或垂直接地極追加施設。

放射狀接地極；ℓ_r＝ℓ_1－r ，垂直接地極；ℓ_v＝（ℓ_1－r）／2

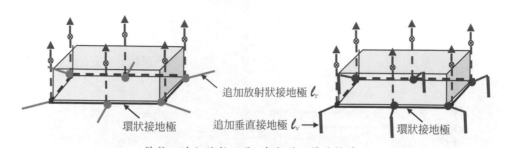

追加放射狀接地極 l_r

環狀接地極　　追加垂直接地極 l_v →　　環狀接地極

備註：追加施設不足l_i與各引下導線接續。

圖 4.6.4 環狀接地極及基礎接地極不足 l_i 的解釋（參考）

4.6.4 接地極的施工規定

設置接地極時，必須根據下述JIS A 4201：2003的規定及電氣用接地極設置規定加以核對。

第四章

1）接地極埋設深度

接地極埋設於離地0.5m以上的深度。

2）環狀接地極的施工

設置於四周的環狀接地極，應埋設於0.5m以上的深度及離壁 1 m以上。

3）接地極的施工中檢查

於施工中，必須可檢查埋設接地極的內容。

> 備註：檢查的目的，為監視所埋設的接地極形狀於施工途中至竣工止期間，是否有外觀上引起的某些變形及切斷。監視方法以測量電阻值的變動為主。

4）接地極埋設土壤與季節變動

在冬季，對所擔心土壤結凍的地域採用垂直接地極(A 型接地極)的情況，考慮土壤結凍，建議忽略最初 1 m 的效果。

> 備註：與A、B型接地極無關，基於結凍的土壤通常土壤電阻率上昇，因此，上述規定所示內容，於冬季時，確認每個計畫地域其結凍的土壤深度與必須掌握相對的忽略深度。

規定的忽略深度 "1 m" 為平均數值，建議對各寒冷地域的忽略深度彙總查詢。

5）接地極埋設土壤的地質與接地極種別

露出堅固岩石層的地方，建議使用 B 型接地極。

> 備註：於山岳地帶等岩石層露出的地區，因挖掘施工作業困難，在無法將接地電極配置於地下時，縱令埋設了接地電極，大地電阻率同樣高，改善接地效果不能期待的狀況下，將 B 型接地極設置於廣大的平面範圍，使雷電流廣泛的分散。

4.6.5 "利用構造體"接地極

於混凝土地基內相互接續的鐵筋，或充分具導電性及耐蝕性的其他金屬製地下構造物，可利用作為接地極的情形時，基礎部(鋼筋)與引下導線的接續，必須確實確認接續後的電氣特性。

於 "利用構造體" 的引下導線方式(鋼骨構造等)時，基礎部鋼筋與引下部利用的金屬(鋼骨等)接續若有不確實的情況，則有必要在基礎部鋼筋與引下部金屬體再施以補強接續。（參照圖4.6.5）

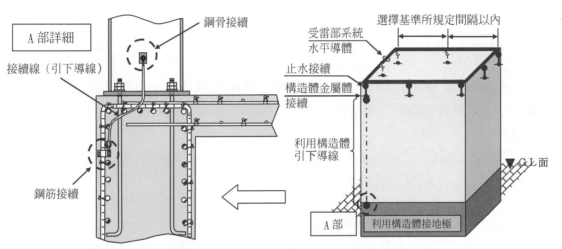

A 部詳細
鋼骨接續
接續線（引下導線）
鋼筋接續

選擇基準所規定間隔以內
受雷部系統水平導體
止水接續
構造體金屬體接續
利用構造體引下導線
GL面
A 部
利用構造體接地極

※鋼骨固定用錨定螺絲與基礎鋼筋不在接續狀態

圖 4.6.5 "利用構造體" 接地極 (參考)

4.6.6 雷防護系統的接地電阻值

JIS A 4201：2003規範中，沒有記載著接地電阻的規定值。

JIS A 4201：2003規範中，接地系統的表示方法，於落雷時，被保護物全體與四周圍的接地電位一樣，盡量使電位梯度變小為目的。

在大地電阻率一樣，所架設相同形狀的接地極，使各引下導線的電位形成均等化狀態下，因此對接地系統中接地極的形狀及尺寸是比接地電阻值較為優先的重要考量。

雖然如此，但為了落雷時有效的抑制接地電位上昇，低的接地電阻值是值得推薦的。

備註：為確認所設置接地極機能狀況，監視接地電阻值的電阻值變動，為竣工後的保養檢查工作。（參照第6章）

4.7 外部雷防護系統的安裝及接續部

4.7.1 安裝

大部份的突針安裝於建築物最上部，必須確認於落雷時，電氣性的應力及颱風、突然的暴風等短期的應力，或遭受難以預料的外力時（例：振動、雪塊滑落等），為不使網目導體，水平導體等，發生斷線或鬆弛現象，受雷部及引下導線必須堅固的安裝。

設置空中的突出物突針（包括突針支持物）前，應施行短期應力計算，並對突針部分的構成也需做好規畫。

4.7.2 導體的接續

儘可能避免導體於中間接續，在不得已須做接續時、須以黃銅焊接、熔接、壓接，或上緊螺絲螺帽等方法確實執行，這與從前使用焊錫焊接接續方法具有同等接續效果。

在接續部僅以 1 只螺帽或螺絲鎖緊時，有發生鬆弛可能性，故於外部雷防護系統的主要構成部分施以 2 只螺帽或螺絲鎖緊是很重要的。

4.8 外部雷防護系統的材料與尺寸

外部雷防護系統所使用材料，必須對雷電流引起電氣及電磁場的影響與可預測的機械性應力等不可有損傷。對被保護建築物或雷防護系統所使用的材料，有考慮發生腐蝕的顧慮時，必須慎選。

使用材料及尺寸，依照表4.9.1所記載的雷防護系統各部位的實際尺寸。

表列金屬材料以外，可使用與此具同等機械、電氣及化學(腐蝕)等特性材質以上的材料。

同等材質，例：不銹鋼等視為與鐵同等以上。

表4.9.1　雷防護系統用材料的最小尺寸（JIS A 4201： 2003，2.5.2表5）

保護基準	材　料	受雷部mm²	引下導線mm²	接地極mm²
Ⅰ～Ⅳ	銅	3 5(38)	1 6(22)	5 0(60)
	鋁	7 0	2 5	—
	鐵	5 0	5 0	8 0

備註：所示最小尺寸不含電氣性能、機械應力、腐蝕及施工方式等因素、必要時尺寸得酌予放大。

第四章

4.9 內部雷防護系統

為了保護建築物及內部的人，僅以外部雷防護系統捕捉落雷洩放至大地電流是不足夠的。大的雷電流通過外部雷防護系統（受雷部、引下導線、接地系統），建築物內部的導電性部分(金屬部分)相互間發生電位差，經由此電位差引起火花，使建築物內部產生火災與爆炸的危險。為減低這樣的風險，等電位搭接與確保安全間隔距離為必要的對策。

在 JIS A 4201：2003規範中稱呼此對策為內部雷防護系統。

內部雷防護系統經常作為保護建築物內部的電氣/電子系統的思維，JIS的用語定義，限定於保護建築物及內部的人命為適用範圍。

因此，對於電氣/電子系統的過電壓防護，參照第5章「電氣/電子設備的雷防護」，下列圖4.9.1的例示即為內部雷防護系統的概念圖。

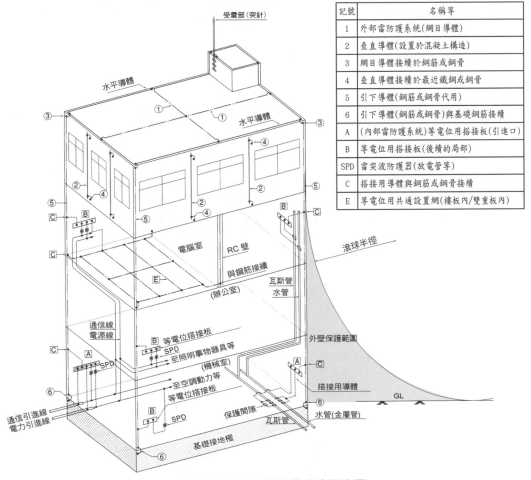

記號	名稱等
1	外部雷防護系統(網目導體)
2	垂直導體(設置於混凝土構造)
3	網目導體接續於鋼筋或鋼骨
4	垂直導體接續於最近鐵鋼或鋼骨
5	引下導體(鋼筋或鋼骨代用)
6	引下導體(鋼筋或鋼骨)與基礎鋼筋接續
A	(內部雷防護系統)等電位用搭接板(引進口)
B	等電位用搭接板(後續的局部)
SPD	雷突波防護器(放電管等)
C	搭接用導體與鋼筋或鋼骨接續
E	等電位用共通設置網(樓板內/雙重板內)

圖 4.9.1 內部雷防護系統概念圖

4.9.1 等電位搭接

1）一般事項

建築物的電力/通信纜線、金屬製的配管等導電性物品係來自外部引進，建築物內各個場所設置有多種的電力設備、資訊通信設備器具等。此等設備及導體系，因雷擊(落雷)產生的過電壓，使各種器具、設備、配線、配管、金屬工作物等導電性部分之間發生了電位差，此為災害發生的原因。

防止建築物內災害的基本對策，於落雷時，使建築物內的電位均等化，則各導電性體相互間的電位差減低至最小限度。即被保護物內的雷防護系統金屬構造體、金屬工作物、系統外導電性部分以及電力、通信用設備等均設置搭接用導體或雷突波防護器（SPD）並且接續於等電位搭接板，以達等電位化，防止建築物內發生災害，稱為「等電位搭接」。

因落雷，引下導線與建築用金屬體之間出現電位差的關係而誘發 " 危險的火花放電 "，因此基本的雷防護對策就是為了抑制火花放電。

2）建築物內部金屬製工作物的等電位搭接

所謂金屬製工作物，指被保護物內廣泛範圍的金屬製品、配管構造物(設備用配管等)、台階、電梯導軌、換氣用、暖氣用及空調用導管、相互接續的鋼筋等易於構成雷電流路徑的金屬物。

a. 等電位搭接的裝設場所

① 獨立式外部雷防護系統，只限於地表面附近實施等電位搭接。

於距地表面上部施行等電位搭接時，雷電流於金屬工作物（內部導電性部分）的分流有使建築物或是其收容箱遭致損傷的憂慮。因此、等電位搭接僅可設置於地表面附近。

② 非獨立式外部雷防護系統，等電位搭接可設置於地下部分或是地表面附近的地方。

備註：1. 搭接用導體須設計成容易檢查，且與設置的搭接板接續一起。
　　　 2. 搭接板必須與接地系統連結接續。
　　　 3. 大規模建築物等有設置2個以上的搭接板時,必須相互接續。（圖4.9.2）

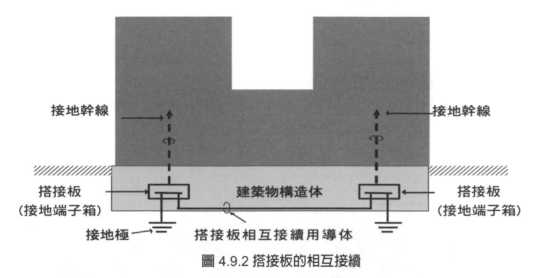

圖 4.9.2 **搭接板的相互接續**

b. 金屬製工作物的等電位搭接的必要與不必要場所

　　① 建築物內的鋼筋混凝土構造體為相互接續狀態

　　② 建築物為鋼骨構造體

　　③ 建築物為具有遮蔽特性的構造體

　　建築物為鋼骨構造及鋼筋、鋼骨混凝土構造體時，可判斷建築物內的金屬工作物基本上是處於等電位搭接的狀態。但是於鋼骨構造，採用基礎構造體與鋼骨作接續的H形鋼，在建築構造上不一定均與基礎部金屬體(鋼筋等)接續一起，故有必要確認是否已接續。鋼筋構造的情形，基礎部、版、壁等的鋼筋均為相互搭接時，則可視為適當的等電位化。

3）金屬引進管進入建築物內部的等電位搭接

　　金屬引進管自被保護物外部引進至被保護物內，或是自外部引出的金屬製的線及管路，足以構成雷電流的分流路徑。例如金屬製進出配水管、瓦斯管、冷暖氣用配管等。

　　　　① 在建築物引進口附近對系統外導電性部分(金屬引進管等)施以等電位搭接(圖4.10.3)

　　　　② 必須假設於引進口附近搭接用接續部為大部分的大電流流通點。

　　因此，使用搭接導體的材質與尺寸需符合表4.9.1的規定。

4）電力及通信設備的等電位搭接

　　建築物內部電力及通信設備的金屬部分等電位搭接，需按照下列說明。

① 在建築物引進口附近施以等電位搭接。

② 含遮蔽體的電線或收容於金屬管內時，通常以遮蔽體或金屬管作為搭接就可以，不需要以導體(電線)作為等電位搭接(遮蔽體的電阻值低，對於接續器具不會產生危險的電位差。)

③ 電路的電線最好直接或經由雷突波防護器(SPD)搭接。(電線的火線經由SPD搭接，TN系統的PE或PEN導體可直接搭接在雷防護系統。)

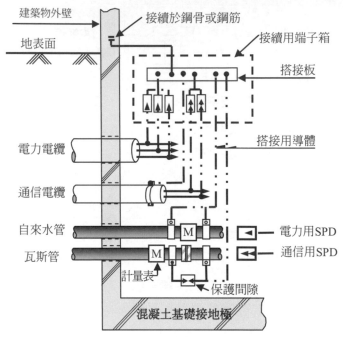

備註：

在左圖顯現的引進配管 (瓦斯管、自來水管等) 不一定要限定使用金屬管。若瓦斯管或自來水管使用金屬管材質時，為了防止電蝕的對策等，而插入絕緣部品時，一定要配合雷突波防護器 (SPD) 適當的動作條件，此部分需與瓦斯管、自來水管供給業者確認及得到同意。

圖 4.9.3 引進口附近等電位搭接施工例

5) 搭接用導體、搭接板、接續夾(Clamp)

　a. 搭接用導體

　　按照下列說明施行等電位搭接。

① 以自然的搭接無法確保電氣連續性，改用搭接用導體。

② 全部或是大部分的雷電流於搭接的接續部流通時，搭接用導體最小截面積如表4.9.1所示。除此以外的最小截面積如表4.9.2所示。

③ 無法直接設置搭接用導體時，採用可施行檢查功能的雷突波防護器（SPD）。

④ 有必要盡可能以直接的筆直的配線方式施行等電位搭接。

表 4.9.1 搭接用導體流通大部分雷電流的最小尺寸（JIS A 4201　表6）

保護基準	材料	截面積（mm^2）
Ⅰ～Ⅳ	銅	16（22）
	鋁	25
	鐵	50

備註：（　）內數值為 JIS 規格銅絞線尺寸。　　　※25％以上雷電流

表 4.9.2 搭接用導體流通一部分雷電流的最小尺寸（JIS A 4201表7）

保護基準	材料	截面積（mm^2）
Ⅰ～Ⅳ	銅	6（8）
	鋁	10
	鐵	16

備註：（　）內數值為 JIS 規格銅絞線尺寸。

第四章

⑤ 搭接用導體電氣連續性的確保

搭接用導體電氣連續性的確保，對系統而言是屬於重要的要件，有必要設置於可能實施檢查的地方。同時為了維持管理，有必要施以定期的檢查。

備註：1. 防止導體的腐蝕、劣化
　　　2. 確保接續部電氣連續性與防止腐蝕、劣化
　　　3. 建築構造體可利用作為搭接用導體，利用的時候，有必要對確保電氣連續性施以確認。

　鋼骨構造大樓建築的鋼構可利用作為搭接用導體。鋼筋構造的情形時，鋼筋間沒有熔接或以金屬製的套管、夾鉗等（參照圖4.5.15）相互接續時，不能利用。

b. 搭接板

　① 當電流 安全的流通於搭接板時，擁有充分的耐蝕性。

　② 搭接板的尺寸，依據JIS C0367.1「雷引起電磁脈衝的防護」3.4.1.1「銅及鍍鋅鋼製品搭接板的最小截面積為50mm^2以上」，最小截面積為50mm^2以上。

下列照片為搭接板的例示。

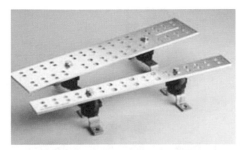

照片 4.9.1 搭接板（例）

C. 搭接用導體的接續夾等

搭接用導體的接續，有必要以熔接、壓接、螺絲鎖緊、螺帽鎖緊等方法確實的接續。

理想的接續盡可能以熔接方式，全部的接續不可能按照熔接方法執行。

現實上以螺帽鎖緊為一般的常用方法，這個時候需要留意接觸電阻。實際施工時，以目視確認是否已確實的鎖緊。

對於異種金屬接觸腐蝕也充分留意，這是相當重要的。

下列圖、照片為各種搭接用導體的接續方法例示。

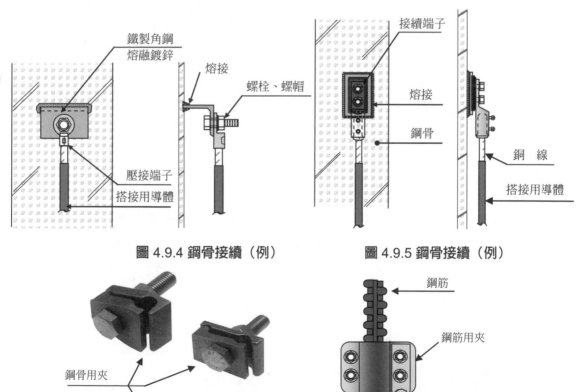

圖 4.9.4 鋼骨接續（例）　　　圖 4.9.5 鋼骨接續（例）

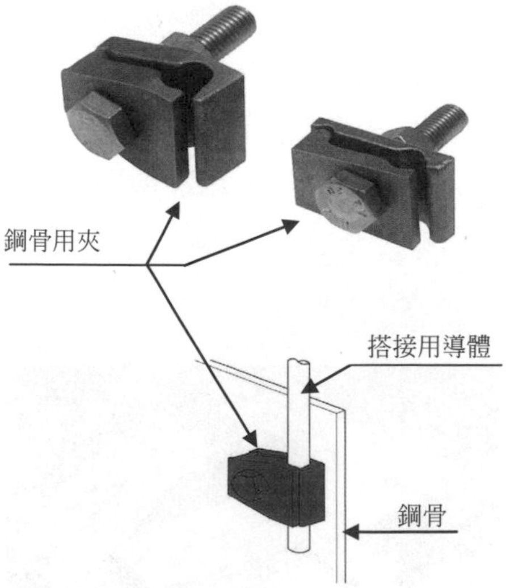

圖 4.9.6 鋼骨接續（例） 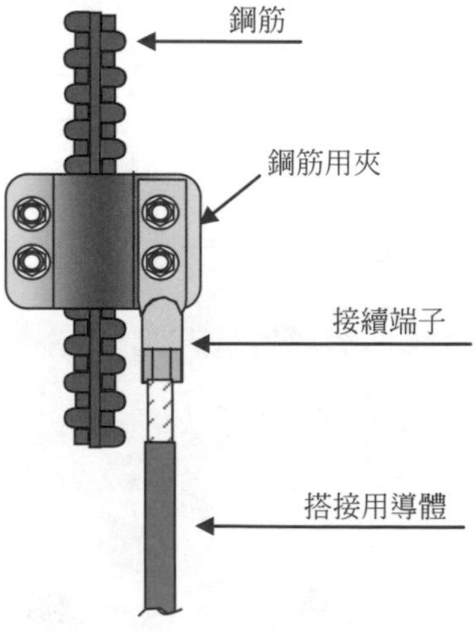　　　圖 4.9.7 鋼筋接續（例）

照片4.9.2　鋼筋接續（例）　　　　　照片4.9.3鋼筋接續（例）

4.9.2 外部雷防護系統的絕緣（確保安全間隔距離）

1）一般事項

在建築物落雷的情形時，按照前項4.9.1施以等電位搭接，使各部分間的電位差減低，可防止發生危險的火花。

於這樣的狀況下，電氣設備等在垂直方向有足夠的長度時，下方縱然有施以等電位搭接，電氣設備等的上方與受雷部或引下導線間發生電位差，且相互間隔極近時，是有可能發生危險的火花放電，如圖4.9.8例示。

盡可能於設計階段掌握此等部分間的間隔距離在安全間隔距離以上，無法確保安全間隔距離時、相互間有必要連接在一起。

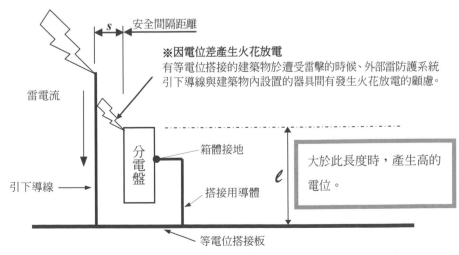

圖 4.9.8 安全間隔距離計算概念圖

2）安全間隔距離計算例

受雷部或引下導線與被保護建築物內的金屬製工作物以及電力、信號與通信設備之間的絕緣，此等部分間的間隔距離（d）需大於安全間隔距離（s）。

$$d \geq s$$

安全間隔距離： $s = k_i \dfrac{k_c}{k_m} \ell$ (m)　　　　（式 4.9.1）

k_i　：與雷防護系統的保護基準相關的係數（表4.9.4）

k_m　：與絕緣材料相關的係數（表4.9.5）

　　　有若干的絕緣材料時，採用其中的最低值。

k_c　：引下導線流通雷電流相關的係數（表4.9.3）

ℓ　：自間隔距離的適用點至最近的等電位搭接點止，自受雷部或順著引下導線的長度。

表 4.9.3 係數 k_c 值 (JIS A 4201：2003)

受雷部系統的種類	k_c
1 支突針 水平導體 網目導體	1 0.5...1 * 0.1...1 **
註　*k_c = 0.5（$h \gg c$ 時）至 k_c =1（$h \ll c$ 時）值的範圍 　　　h：水平導體與水平環狀導體的間隔 　　　c：引下導線間隔 　　**k_c = 0.1 n→∞（c→0 時）至 k_c =1（n=1 時）值的範圍	

表 4.9.4 係數 k_i 值 (JIS A 4201：2003)

保護基準	k_i
I	0.1
II	0.075
III及IV	0.05

表 4.9.5 係數 k_m 值 (JIS A 4201：2003)

材料	K_m
空氣	1
混凝土、磚造	0.5
聚氯乙烯	20
聚乙烯	60

a. 獨立式雷防護系統計算例

① 突針 1 支的情形

k_i：基準 II（表 4.9.4）$k_i = 0.075$

k_m：被保護物與突針間為空氣（表 4.9.5）$k_m = 1$

k_c：（表 4.9.3）突針 1 支 $k_c = 1$

ℓ：建物高度…3m

$$s = k_i \frac{k_c}{k_m} l = 0.075 \times \frac{1}{1} \times 3 = 0.225 \, (m)$$

0.225（m）＝安全間隔距離 s

因 $d \geq s$，d≧0.225（m）

間隔距離為 0.225（m）以上。

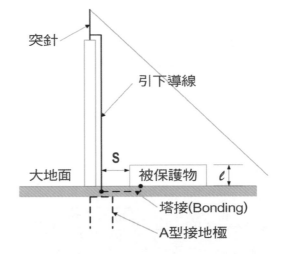

圖 4.9.9 突針1支的情形

② 水平導體（架空）的時候

k_i：基準 II（表 4.9.4）$k_i = 0.075$

k_m：被保護物與突針間為空氣（表 4.9.5）$k_m = 1$

k_c：（表 4.9.3）及依照 JIS A 4201 附屬書 1 圖 1

$$k_c = \frac{h+c}{2h+c}$$

h =15m，c =25m　　（假設）

$k_c = 0.73$

ℓ：建物高度…8m

$$s = k_i \frac{k_c}{k_m} l = 0.075 \times \frac{0.73}{1} \times 8 = 0.438 \quad (m)$$

0.438（m）＝安全離隔距離 s

因 $d \geq s$，d≧0.438（m）

間隔距離為 0.438（m）以上。

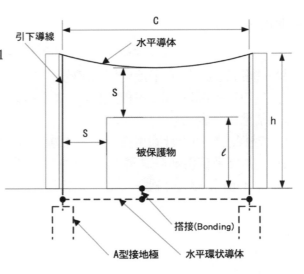

圖 4.9.10 水平導體（架空）的情形

b. 非獨立式雷防護系統的計算例

① 網目受雷部、B 型接地極系統的建物（無水平環狀導體）

k_i：基準IV（**表 4.9.4**）$k_i = 0.05$

k_m：被保護物與突針間爲空氣（**表 4.9.5**）$k_m = 1$

k_c：受雷部系統爲網目導體（**表 4.9.3**）及依照 JIS A 4201
　　附屬書 1 圖 2 依照下式求出 k_c 值。

$$k_c = \frac{1}{2n} + 0.1 + 0.2 \times \sqrt[3]{\frac{c_s}{h}} \times \sqrt[6]{\frac{c_d}{c_s}}$$

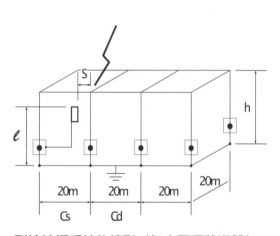

n：引下導線的數量…8 條

c_s、c_d：引下導線間隔… $c_s = c_d = 20$ m

h：受雷部與接地極的距離…10 m

$$k_c = \frac{1}{2 \times 8} + 0.1 + 0.2 \times \sqrt[3]{\frac{20}{10}} \times \sqrt[6]{\frac{20}{20}} = 0.414$$

ℓ：8 m

$$s = k_i \frac{k_c}{k_m} l = 0.05 \times \frac{0.414}{1} \times 8 = 0.166 \ (\text{m}).$$

0.166（m）＝安全離隔距離 s

因 $d \geq s$，$d \geq 0.166$（m）

間隔距離爲 0.166（m）以上。

圖 4.9.11 ①網目受雷部、B型接地極系統的情形（無水平環狀導體）

② 網目受雷部、B 型接地極系統的建物
　　（不均等間隔的引下導線且無水平環狀導體）

k_i：基準IV（**表 4.9.4**）$k_i = 0.05$

k_m：被保護物與突針間爲空氣（**表 4.9.5**）$k_m = 1$

k_c：受雷部系統爲網目導體（**表 4.9.3**）及依照 JIS
　　A 4201 附屬書 1 圖 2　依照下式求出 k_c 值。

n：引下導線的數量…8 條

c_s、c_d：引下導線的間隔…C s ＝20 m、　　C d ＝25 m

h：受雷部與接地極的距離…15 m

ℓ：8m

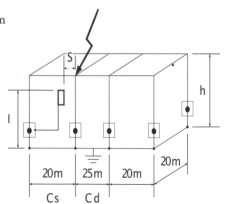

$$k_c = \frac{1}{2 \times 8} + 0.1 + 0.2 \times \sqrt[3]{\frac{20}{15}} \times \sqrt[6]{\frac{25}{20}} = 0.391$$

$$s = k_i \frac{k_c}{k_m} l = 0.05 \times \frac{0.391}{1} \times 8 = 0.156 \ (\text{m})$$

0.156（m）＝安全離隔距離 s

因 $d \geq s$，$d \geq 0.156$（m）

間隔距離爲 0.156（m）以上。

圖 4.9.12 ②網目受雷部、B型接地極系統的情形(不均等間隔的引下導線無水平環狀導體)

第四章

③ 網目受雷部、B 型接地極系統的建物
（有水平環狀導體）

k_i：基準IV（**表 4. 9. 4**）$k_i = 0.05$

k_m：被保護物與突針間爲空氣（**表 4. 9. 5**）$k_m = 1$

k_c：受雷部系統爲網目導體（表 4. 9. 3）及依照 JIS A 4201 附屬書 1 圖3
依照下式求出 k_c 值

上部區域時

$$k_{c_1} = \frac{1}{2n} + 0.1 + 0.2 \times \sqrt[3]{\frac{c_s}{h}} = \frac{1}{2 \times 8} + 0.1 + 0.2 \times \sqrt[3]{\frac{20}{10}} = 0.414$$

中間區域時

$$k_{c_2} = \frac{1}{n} + 0.1 = \frac{1}{8} + 0.1 = 0.225$$

下部區域時

$$k_{c_3} = \frac{1}{n} + 0.01 = \frac{1}{8} + 0.01 = 0.135$$

n ：引下導線的數量…8 條

c_s、c_d：引下導線的間隔…$c_s = 20$ m、$c_d = 20$ m

h ：受雷部與水平環狀導體的距離

$h_1 = 10m$、$h_2 = 20m$、$h_3 = 20m$

ℓ_1：8 m

ℓ_2：18 m

$$s_1 = \frac{k_i}{k_m}\left(k_{c_1}l_1 + k_{c_2}h_2\right)$$

$$= \frac{0.05}{1}(0.414 \times 8 + 0.225 \times 20) = 0.391(m)$$

0.391 (m) ＝ 安全間隔距離 s_1

因 $d \geq s$，$d \geq 0.391$ （m）

間隔距離 0.391 （m） 以上。

$$s_2 = \frac{k_i}{k_m}\left(k_{c_2}l_2 + k_{c_3}h_3\right)$$

$$= \frac{0.05}{1}(0.225 \times 18 + 0.135 \times 20) = 0.338(m)$$

0.338 （m） ＝安全離隔距離 s_2

因 $d \geq s$，$d \geq 0.338$ （m）

間隔距離 0.338 （m） 以上。

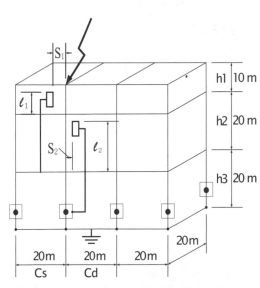

圖 4.9.13 ③網目受雷部、B型接地極系統的情形(有水平環狀導體)

4.10 對於人命的安全對策

因適當的等電位搭接，完全的施以雷防護系統，可以確保人在建築物內的安全。但建築物外部的引下導線附近，人命危險的可能性是值得考慮的。

因此，對於雷電流路徑的引下導線，為了在許容範圍內減低步級、接觸電壓的危險，於下列4.10.1項推薦減低方法與實施要領。

這裏的接觸電壓係指普通的人對落雷於物體上可碰觸到的介於最高點與大地間有電位差的位置。步級電壓係指近接於接地電極流通的雷電流在地面上的1 m 間隔距離，2點 間所生成的電位差。

4.10.1 接觸、步級電壓的減低

1）接觸電壓減低

為了減低普通的人對落雷於物體上可碰觸到的最高點與大地間電位差，而對雷電流路徑施以對策。

- 增加引下導線的數量，以縮小間隔（分流效果）
- 離引下導線3 m 以內的地方，使地表面電阻率成為5kΩ m 以上。
  （人站立地方的絕緣）

  > 備註：1. 具體的對策方法，依據IEC 62305.3：2006，"絕緣材料層，例如鋪上厚度 5cm 以上的瀝青層或厚度15cm的砂粒層時，就可擔負其絕緣性能，以確保減低接觸電壓的效果。"於A型接地極時，對引下導線施以適當的絕緣，以確保人接觸範圍的絕緣。
  > 2. 對引下導線施以絕緣時，依照IEC 62305.3：2006說明；"採用厚度3mmPVC管就可以確保絕緣性能。

2）步級電壓減低

落雷時，為減低接近於接地電極流通的雷電流在地面上的1 m 間隔距離2點間所生成的電位差，對策如下。

- 增加引下導線的數量，以縮小間隔（分流效果）
- 離引下導線3 m 以內的地方，使地表面電阻率成為5kΩ m 以上。
（人站立地方的絕緣）

  > 備註：具體的對策方法；依據IEC 62305.3：2006，"絕緣材料層，例如鋪上厚度 5cm以上的瀝青層或厚度15cm的砂粒層時，就可擔負其絕緣性能，以確保減低效果。"

- B型接地極時，網目接地的間隔細等分。
  （接地極面電位差減低則步級電壓減低）
- 人出入頻繁場所，如在建築物的出入口鋪設環狀埋設地線。（參照圖4.10.1）

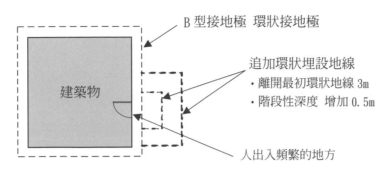

B 型接地極　環狀接地極

追加環狀埋設地線
・離開最初環狀地線 3m
・階段性深度　增加 0.5m

建築物

人出入頻繁的地方

圖 4.10.1 追加環狀接地極以減低步級電壓施工概念圖

第四章

第5章

電氣／電子設備的雷突波防護

第5章 電氣／電子設備的雷突波防護

本章首先陳述建築物內部電氣設備及電子設備雷防護對策的基本原則、設計步驟、雷突波減低基本原則的概說；採用SPD作為雷防護對策具體的方法，詳細說明電源回路的防護對策與通信回路的防護對策。

5.1 電氣／電子設備的雷突波防護系統設計步驟

一般電氣／電子設備依使用環境施以過電壓對策，但落雷時，雷電流能量所發生的過電壓(雷突波)比通常設備所使用環境的過電壓大很多，並出現極大的雷害。因此雷突波防護的基本對策，準確的掌握落雷，使雷電流確實洩放至大地為主策略，同時施行建築物內部設備(電氣／電子設備)的雷突波防護對策是必要的。

落雷時產生的能量，可由數十焦耳至數百M焦耳($≒10^8$ J)的程度。一般該當保護的電子設備因包含著相當脆弱的電子零件，只需數毫焦耳($≒10^{-3}$ J)能量程度即被破壞。為保護此等器具的雷害，如何克服超過10^{10}非常大能量差的對策是個關鍵問題。

5.1.1 雷防護系統設計的基本步驟

雷防護系統的設計，有必要按照下列的基本步驟實施。

① 步驟1：必須掌握落雷時的能量現象及電氣電磁的情況，
即充分理解落雷現象的雷電流參數與雷電磁脈衝。

② 步驟2：使雷擊電流確實地洩放至大地，即確實執行雷防護系統(LPS)的設計與施工。關於此細節與方法，參照第4章。

③ 步驟3：採用減低雷突波以作為保護電氣／電子設備的手段。
關於此保護手段，即為了防護由雷引起的雷電磁現象與雷電磁脈衝(LEMP)，以避免建築物內部設備(電氣／電子設備)遭受雷害，LEMP防護對策(LPMS＝LEMP Protection Measures System)與定義(參照JIS C 0367-1：2003及IEC 62305-4：2006)，是一項合理的、符合經濟性且具有效果性的對策方法提案。

5.1.2 LEMP防護對策(LPMS)的基本原則

對雷突波的器具防護基本原則，合理的減低LEMP強度以保護設備器具。防止雷害的方法概說如下：

下列三項為減低雷突波的設計概說(JIS C 0367-1：2003規定)
①LPZ(雷防護區域)有效活用　②接地與搭接　③磁場遮蔽與配線準則

接著為了確實保護設備器具，對於減低後的雷突波及雷引起電磁場的防護對策，以採用雷突波防護器(SPD)的設計概說如下。

④SPD的雷突波減低對策

SPD雷突波防護，區分為電源回路及通信/信號回路的防護對策。

建築物內部設備(電氣／電子設備)的 LEMP 防護對策，因為雷的威脅所以必須設計減低雷突波至設備器具所能承受的程度。

在建築物內所設置電氣／電子設備的雷防護系統設計步驟概要如表 5.1.1 所示。

表 5.1.1 雷防護系統設計步驟的概要

對象	電氣／電子設備的雷突波防護系統的設計		【規格的整合】
電氣/電子設備的雷防護系統設計雷突波防護（LPMS）的設計	合理的減低LEMP（電磁脈衝）強度及防止雷害為基本原則，藉以保護設備器具。		
	■ 雷突波減低對策設計		
	① 受保護設備的所在空間分割成幾個雷防護區域（LPZ）（參照5.2項） ② 於雷保護區域的交界處施行接地與搭接（參照5.3項） ③ 實施磁場遮蔽（參照 5.4項）		JIS C 0367-1 2003 JIS C 5381 系列 JIS C 5381-1 JIS C 5381-12 JIS C 5381-21 JIS C 5381-22 JIS C 5381-311 JIS C 5381-321 JIS C 5381-331 JIS C 5381-341
	■ 採用雷突波防護器以減低雷突波設計		
	④ 設置 SPD ④-1 電源回路的雷防護設計（低壓系/高壓系電源回路對策）（參照5.9項） ④-2 通信回路的雷防護設計（通信／信號回路對策）（參照5.10項）	【藉由SPD的雷突波防護】 a. 把握侵入的雷突波電流及過電壓 b. 把握被保護設備的耐電壓性能 c. 依SPD的接續場所(安裝位置) 選定SPD d. SPD相互間的協調及其他裝置與雷突波協調	

第五章

5.2 雷防護區域(LPZ)的導入

為使雷引起電磁脈衝(LEMP) 不致於影響電氣／電子設備的對策，包含該保護設備器具的設置空間，因雷引起電磁場強度不同的環境空間而設定雷防護區域(LPZ)，與其在這些區域的交界部分施以各種防護對策，不如以保護器具設備可承受的耐電壓水準為考量，使雷引起對設備的應力施以階段性的連續減低，是較有可能的。(參照圖5.2.1)。

LPZ的鄰接區域是因電磁脈衝(LEMP)的強度有明確差異特徵時形成的，這些界限依採用的防護對策來決定。例如鋼筋混凝土的牆壁或金屬箱等的磁場遮蔽對策、或在纜線引進口處設置SPD等的方法不同，決定了LPZ界限，並形成雷防護區域(LPZ)。

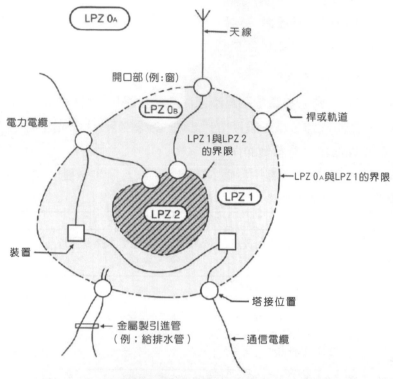

圖 5.2.1 被保護空間各種雷防護區域(LPZ)分割原則

5.2.1 建築物的雷防護區域設定例

建築物所分割雷防護區域(LPZ)例，如圖5.2.2所示。

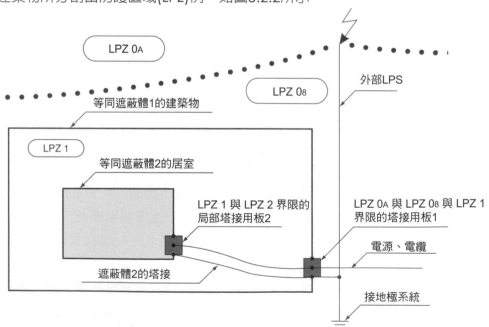

圖 5.2.2 建築物LPZ分割原則，適切塔接例

1) 建築物外部

建築物外部區域，如下述定義。

－LPZ 0 ：直擊雷電磁場沒有被減低的區域，暴露於此場所的設備有遭受全雷電流或部分雷電流的威脅。此區域區分為2類，如下所述。

－LPZ 0A：此區域是在LPS的防護範圍外，因暴露於直擊雷及雷引起的全電磁場中的危險區域，設置在此場所的設備因位於全雷電流區域中，視為危險暴露，產生的電磁場無法減低。

－LPZ 0B：對直擊雷而言，是位於保護範圍內，但卻是暴露在全電磁場的危險區域。設置在此場所的設備因位於部分雷電流區域中，也視為危險暴露，產生的電磁場無法減低。

2) 建築物內部

建築物內部區域，如下述定義。

－LPZ 1 ：對直擊雷而言是位於保護範圍內，與LPZ 0B區域比較時，當於界限設置SPD，雷突波電流可得到減低；於界限部分形成之電磁場，藉由磁場遮蔽可得到減低。

－LPZ 2~N：後續減低區域中(LPZ 2以下)，若繼續追加設置SPD及磁場遮蔽，可進一步減低雷電流及電磁場。

3) 區域設定的基本要件

區域的設定，原則上尚須滿足下列要件。

• 伴隨區域的編號越大，電磁場環境參數越小的基準予以設定。

• 不同區域的界限，電氣磁氣(ME)的條件也必須不同。

• 不同區域的界限，於有金屬製貫通的部分必須施以塔接(Bonding)。

• 不同區域的界限，最好施行磁場遮蔽對策。

• 通過不同區域界限的電力線/通信線必須於界限面施以塔接(Bonding)。

• 雷電流確實於界限面分流時，必須阻止分流雷電流流入或通過編號大的區域。

• 區域是不含物理界限(地板、壁、天花板等)。

5.3 接地與等電位塔接

所謂接地與塔接是為了洩放雷電流至大地時，使接地極系統與建築物之間出現的電位差為最小化，且為謀求減低雷電流引起的磁場，施行金屬製部分的相互接續，使塔接回路網結合成為完整的基本接地系統。(參照圖5.3.1)

第五章

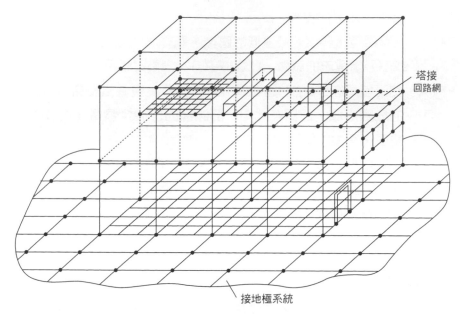

塔接
回路網

接地極系統

圖 5.3.1 接地極系統相互接續的塔接回路網構成三度空間接地系統

5.3.1 接地系統

　　建築物的接地系統所使用材料原則上必須與雷防護系統(LPS)相同。雖然建築基準法規定建築物高度在20m以下無設置雷防護系統(LPS)的要求，對於建築物內設置的設備之接地系統形狀可選擇A型接地極，可是於設置特別敏感的電子系統設備時，建議採用B型接地極。若建地上建築物為數棟及有附屬設施構成複雜建物的情形，於接地系統構築前，建議徵詢雷防護設計專業的意見與規劃。

5.3.2 塔接(Bonding)

　　依照規範(JIS C 0367-1)解釋，「由雷所影響的被保護空間內部金屬製部分與防護系統間的電位差降至最小」為塔接的主要目的。換言之，在包含人與設備的被保護空間(建築物內)，為防止雷所引起的危險電位差，施以低電阻的塔接回路網是必要的。而且，這樣的塔接是有利於磁場的減低。塔接回路網的例子如圖 5.3.2 及圖 5.3.3 所示。

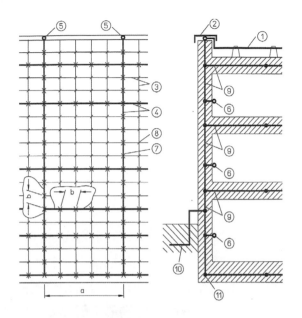

①：受雷部導體
②：屋頂女兒牆上的金屬蓋
③：混凝土內鋼筋
④：在鋼筋追加的網目導體
⑤：網目狀導體的接合部
⑥：內部搭接用板的接合部
⑦：熔接或鐵箍接續
⑧：任意的接續部
⑨：混凝土內鋼筋(與網目狀導體重疊)
⑩：環狀接地電極(如果有的話)
⑪：基礎接地電極
a.：與網目狀導體重疊接續的標準距離5 m
b.：與鋼筋的網目接續標準距離1m

①：電力器具
②：鋼製束帶
③：建物正面的金屬蓋
④：塔接接合部
⑤：電氣或電子器具
⑥：搭接用板
⑦：混凝土內鋼筋(與網目狀導體重疊)
⑧：基礎接地電極
⑨：各種引進線的共通托架 (TRAY)

第五章

圖 5.3.2 等電位塔接利用建築物內的鋼筋棒　　圖 5.3.3 鋼筋構造建築物的等電位塔接

1) 塔接的使用材料與尺寸

依據雷電流強度流通於塔接部時，為了不損傷導體所要求的主要材料截面積及尺寸，於第4章4.10內部雷防護系統已經解說過，在此重新將使用材料與尺寸列表如下，依據建築物的雷防護系統的規範(JIS A 4201：2003)，使用材料與尺寸如表5.3.1及表5.3.2的規定。

表5.3.1 大部分雷電流流過塔接導體的最小尺寸 表5.3.2 小部分雷電流流過塔接導體的最小尺寸

(JIS A 4201 表6)　　　　　　　　　　　　(JIS A 4201 表7)

保護基準	材料	截面積（mm²）
I ～ IV	銅	16（22）
	鋁	25
	鐵	50

保護基準	材料	截面積（mm²）
I ～ IV	銅	6（8）
	鋁	10
	鐵	16

* 雷電流 25 % 以上，( )內數值：參考日本電線尺寸　　* 雷電流未滿 25 %，( )內數值：參考日本電線尺寸

5.4 磁場遮蔽與配線準則

為了減低電氣／電子設備雷突波的LEMP對策，LPZ的有效活用以及必要的接地、塔接，並且為了減低由雷電流及磁場所感應的過電壓，利用磁場遮蔽方法與配線的感應環路(loop)面積極小化以發揮預期的效果。

換言之，效果性的磁場遮蔽及配線準則的設計、施工是必要的，結果使內部器具設備的感應突波發生電壓被抑制至最低，且減輕了SPD的負擔。

1) 空間遮蔽

空間遮蔽是由建築物全體、一部分、一個房間或是包含器具的金屬製外框等所形成，此等均可抑制感應突波的發生。例如鋼筋混凝土造的建築物的情形，利用格子狀或是連續的金屬遮蔽等構成要素為構造體，在預先計畫作業，是可以實現合理的經濟的空間遮蔽設計(參照圖5.4.1b)。但是木造或是磚造建築物的情形，因為壁面的關係無法期待有磁場遮蔽，LEMP直接影響配線的感應環路與內部設備，此為設計上必須要注意的。(參照圖5.4.1a)

2) 內部配線的遮蔽

關於內部配線的遮蔽，若使用金屬製的電線管或是金屬製的配線線槽可實現配線上的遮蔽，將可使雷電流於引下導線流通的雷防護系統影響最小化。特別是在屋頂上施設的設備等，雖仍位於雷保護範圍內的空間，但由於雷引起磁場直接對配線的影響，因此對於在屋頂上配線的磁場遮蔽絕對是必要的。近年來、作為在屋外易於發生腐蝕的對策，經常採用樹脂製的電線管或是線槽加以保護的例子很多，於內部配置如施以此方式的配線時，是無法達到磁場遮蔽的效果的。因此要期待磁場遮蔽效果的話，最好是留意施工內容。(參照圖5.4.1 c)

3) 內部配線的準則

一般為了避免電力線與通信/信號線間相互干擾，於施工時，以適當的距離分開配線，並且使用具有磁場遮蔽效果的遮蔽方式。此等內部配線的適當準則，LEMP引起的影響為最少，於配線上的感應面積為最小，就可減低感應突波電壓。為了使感應環路面積趨於最小，可將配線的配置盡可能接近於已設置有接地系統的建築物的構成材料，以實現減低感應突波電壓。雖然為使感應雷突波的影響最小而將電力線及信號線接近的配置以減少環路面積的方法，是可期待它的效果性，這個時候，通常使用的電力線與通信線於相互干擾情況下，會對通信線產生影響，為了防止絕緣劣化後的接觸，電力線與通信線相互間以設置金屬製的隔離或是採用遮蔽電纜，這是於配線上為了減小環路面積所必須施行的配置對策。(參照圖5.4.1 d)。

4) 外部配線的遮蔽

　　對於引進建築物內的外部配線的遮蔽是比內部配線遮蔽來得重要且具效果性，因此應配置配線於金屬製的電線管或是電纜線槽內。一般架空引進比地下引進的情形更需要減低雷突波，樹脂製電線管或是線槽對於地下引進配線的減低效果是有限的。

　　引進電力配線時(特殊情形除外)，以建地界限數公尺外作為電力公司提供外部配線的責任分界點，因此對於建地以外的外部配線遮蔽，是不屬於雷害對策計畫者(設計者/施工者)的權限。

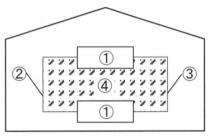

圖 5.4.1a 無保護的系統

圖 5.4.1 b 空間遮蔽內部LPZ的磁場減低

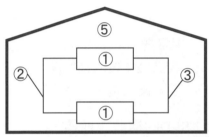

圖 5.4.1 c 配線的遮蔽減低線路上的磁場影響　圖 5.4.1 d 適當配線準則減低感應環路範圍減低

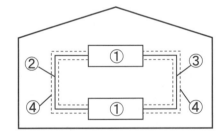

①：金屬外框內的器具　　　　④：感應環路

②：電力線　　　　　　　　　⑤：外部空間遮蔽

③：信號線　　　　　　　　　⑥：線路金屬遮蔽

圖5.4.1 配線路徑選定及遮蔽對策減低感應的影響

5.5 雷突波防護器(SPD)

　　雷突波防護器(SPD)的種類與特徵(構造、機能)說明如下。

　　低壓SPD的規格於JIS C 5381-1(IEC 61643-1) 規定了所要性能與試驗方法，於JIS C 5381-12 (IEC 61643-1) 規定了SPD的選定與適用方法，詳細內容參照此等規格。關於接續在通信及信號回線的SPD規格，分別規定於JIS C 5381-21及-22(IEC 61643-21 及-22)中。

　　本章節即根據此等規格對於機能、性能、構造作概述說明。

5.5.1 SPD的機能

1) SPD的機能

SPD對於侵入的突波(過渡的過電壓或過電流)予以分流,並限制電壓後,使被保護器具避免因過電壓而遭至破壞。SPD的機能必須滿足下列性能要件。

　　a. 無突波的情形
　　　　於正常使用時,設置的SPD不可有害系統運作的不良影響。
　　b. 發生雷突波的情形
　　　　SPD對雷突波發生響應,SPD的電阻瞬時下降,突波電流流向接地側,突波電壓被限制在設備的脈衝耐電壓以下。
　　c. 突波發生後的情形(動作後)
　　　　突波離去後,SPD回復成高電阻狀態,必須仍能勝任系統的連續使用電壓。

5.5.2 SPD的構造與種類[1]

1) SPD的構造

對回路的接續端子形態而言,SPD的構造區分為1埠SPD及2埠SPD。(埠:Port)

① 1埠SPD:SPD 擁有1個端子對(或2端子),併接於防護器具而能使突波分流。
② 2埠SPD:SPD 擁有2個端子對(或4端子),形成輸入端子對與輸出端子對,兩端子對間有串聯電阻。其構成的回路主要是使用於通信/信號系統。

2) SPD的種類

以動作形式作為SPD的分類,可分成如下3類。

　　a. 電壓開關形SPD
　　　　當無施加突波的情形,SPD於回路中為高電阻狀態,突波電壓響應瞬間,SPD隨即成為低電阻狀態。
　　　　作為電壓開關形SPD使用的元件,一般為、空氣隙(Airgap)、氣體放電管(Gas Tube)、閘流體(Thyristor)突波防護元件及雙方向3端子閘流體(TRIAC)。

　　b. 電壓限制形SPD
　　　　當無施加突波的情形,SPD於回路中為高電阻狀態,伴隨著突波電流及電壓增加,SPD隨即降為連續的低電阻狀態。
　　　　使用非線性元件,一般為變阻器(varistor)及定電壓二極體。

　　c. 複合形SPD
　　　　含有電壓開關形元件及電壓制限制形元件的SPD。施加電壓的特性是,電壓開關、電壓限制、或電壓開關及電壓制限兩方動作均可能。

3) SPD動作時的電壓電流波形

代表的SPD構成及施加於各SPD電源側組合波形，在負載側響應的電壓波形，如圖 5.5.1所示。

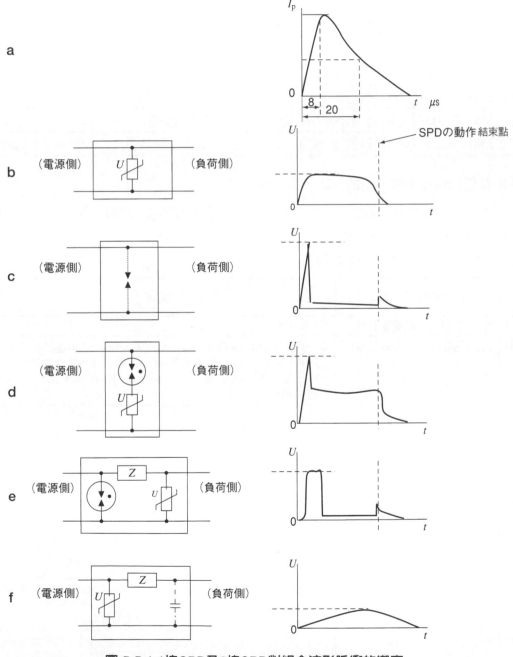

圖 5.5.1 1埠SPD及2埠SPD對組合波形脈衝的響應

5.5.3 SPD的性能表示項目

1) SPD選定的規格分類

由於技術的進展，IEC與JIS相關規格將伴隨著修正發行，設計者/施工者於選定SPD時，對於SPD的特性及試驗方法，以及選定及適用方法必須參照最新版的內容，表5.5.1僅供參考。

表 5.5.1 SPD相關規範JIS(IEC)一覽表【2007年 9月】

JIS 規格編號	內容	IEC 規格編號
JIS C 5381-1:2004	SPD 接續於低壓配電系統時所要性能及試驗方法	IEC 61643-1:1998
JIS C 5381-12:2004	SPD 接續於低壓配電系統時，選定及適用基準	IEC 61643-12:2002
JIS C 5381-21:2004	SPD 接續於通信及信號回路時所要性能及試驗方法	IEC 61643-21:2000
JIS C 5381-22:2007	SPD 接續於通信及信號回路時，選定及適用基準	IEC 61643-22:2004

2) 於低壓配電使用SPD時的性能表示項目

於低壓配電系統選定使用雷突波防護器(SPD)時，JIS C 5381-1規定了必要項目的規範如表所示。(參照表5.5.2)

表 5.5.2 JIS C 5381-1表示項目的說明

項次	表示項目【記號】	說明
①	製造業者或商標及形號	標示在製品上
②	最大連續使用電壓【Uc】	防護形的SPD連續施加最大實效值的額定電壓，JIS C 5381-12(2004) 附屬書B規定日本的100V回路Uc=110V以上，單相200V及100/200V單相3線式的200V回路Uc=230V以上。
③	試驗等級及放電電流	依等級別的模擬雷擊電流波形實施各種性能試驗。參照本節「a.試驗等級的概要與脈衝電流表示Iimp,In,Imax」
④	電壓防護基準【Up】	表示跨接於SPD端子間的最大限制電壓，換言之，於實際的適用上SPD採用的Up值小於保護器具的脈衝耐電壓Uw。
⑤	額定負載電流	必要時
⑥	保護等級（IP 等級）	對於危險物品的接近與固態異物的侵入，或水的侵入等的保護等級分類。例如IP等級20的情形，即指對於直徑12.5mm以上外來固體接近的危險場所得以保護，但對於水的侵入無法得到保護的等級。
⑦	額定遮斷電流（不含電壓限制形）	表示雷脈衝通過後自電源側流通的電流(續流) 可單獨被SPD遮斷推定之短路電流。電壓限制形SPD(變阻器及過氧化鉛形SPD)因無續流現象，故不在此限。
⑧	外部安裝分離器的所要性能	SPD分離器於SPD動作責務中不會動作，亦即表示通過的脈衝電流與之後流通的續流等不會使分離器動作。故有必要於SPD明示最大脈衝電流或續流值。

a . 試驗等級概要與脈衝電流表示(Iimp,In,Imax)

•Class I 試驗：試驗脈衝電流波形為10/350μs，為直擊雷電流的模擬。經過此試驗合格的SPD適用於直擊雷的分流電流。電流表示為Iimp。(設置於電力引進口、主分電盤)

•Class II 試驗：試驗脈衝電流波形為8/20μs，作為感應雷的模擬。適用於電力引進口、主分電盤、二次分電盤等。對於此Class大多數的雷突波以標稱放電電流In表示，對於非常少發生的雷突波以最大放電電流Imax表示。

•Class III 試驗：採用複合波形產生器的試驗裝置。SPD放電前的脈衝電壓波形為1.2/50μs，規定為開路電壓Uoc，SPD放電後產生8/20μs規定的脈衝電流。又規定此試驗裝置的內部電阻為2Ω。例如Uoc＝10kV時，則有5kA的電流。此類SPD適合內裝於保護器具或設置於保護器具近旁。

b . 電壓防護基準的選定

依據JIS C 5381-12選定電壓防護基準(Up)時，應考慮被保護器具的脈衝耐電壓值以及系統的工作電壓。

若SPD的電壓防護基準越低，表示跨接於被保護器具的突波電壓越低，此為適當的防護。也就明白的說明了Up值是高於系統的最大連續使用電壓(Uc)值。

日本對於SPD的電壓防護基準規定不可超過如表5.9.2種類II。

於日本100V-200V回路，在種類III設置SPD的電壓防護基準為1.5kV。又於400V回路為2.5kV。

100V-200V回路適用的SPD種類與設置場所例及電壓防護基準的關係如表5.5.3所示。

表 5.5.3 電源用SPD適用例

LPZ（雷保護領域）	設置SPD時施行Class試驗的種類	SPD 主要設置例	電壓防護基準(Up)
LPZ0 與 LPZ1 的界限	Class I 、II	電力引進口、主分電盤	4.0（kV）
LPZ1 與 LPZ2 的界限	Class II 、III	分電盤、壁與地板等使用的插座	2.5（kV）
LPZ2 與 LPZ3 的界限	Class II 、III	壁與地板等使用的插座、負載器具	1.5（kV）

c. SPD適用的相關注意事項

關於SPD適用，有必要追加如下述的所需性能。

• 關於確保感電保護性能(參照JIS C 60364-4-41 詳細規定。)
• 確保 SPD於故障狀況下的安全性。

突波的能量大於SPD設計最大值及放電電流耐量值時，有可能導致SPD的故障或是破壞。SPD的故障形式有開放模式及短路模式。

①開路模式

開路模式的情況，必須防護的系統已經無防護功能。雖然SPD的故障幾乎對於系統沒有影響，但於檢知工作上是有困難。因此為了於下次遭受雷突波前保證已更換故障的SPD，一般於SPD上具備有故障表示機能。

②短路模式

短路模式的情況，因故障的SPD對於系統有顯著的影響；由於電源的短路電流通過故障的 SPD，短路電流通電中消耗過度的能量而引起火災。若於該防護系統無適當的設施將故障的SPD及時切離SPD回路，有必要於短路模式的SPD設置分離器。

3) 在通信回路使用SPD的性能表示項目

通信回路保護已在表5.5.1概述JIS相關規格，於JIS C5381-21規定了所要性能、標準試驗方法，製品說明書也敘述了必須記載的內容。關於JIS C5381-22規定了SPD的選定、運用、配置及協調。SPD選定時主要以所要性能為選定主體，關於此則記載於JIS C5381-21。

JIS C5381-21因有些內容較難於理解，故以平易的語句對此作為概要說明。

a. 製品的表示內容

JIS C5381-21規定製品本體必須表示的內容如下所示。

a) 製造業者或商標。
b) 製造年月、製造年週或製造批號。
c) 形號
d) 最大連續使用電壓(Uc)。

上記 a)、b)、c) 不必要特別說明，關於d)項的說明如b.。

b. 說明書、包裝的表示內容

此等記載項目及說明如表 5.5.4 所示。

表 5.5.4 說明書、包裝的表示內容

項次	要求項目名【記號】	概　　要
①	使用條件	規定使用的氣壓、溫度及濕度。現在SPD所用的元件無關氣壓的影響。無溫濕度管理的場所規定為-40℃～+70℃、5～96%RH，有溫濕度管理的場所規定為-5℃～+40℃、10～80%RH。
②	最大連續使用電壓【Uc】	SPD必須適用於傳輸通信/信號或為驅動子機等端末設備所施加的定電壓。如電話線路平常所施加DC53V（DC48V+10%）電壓、呼叫時以交流信號驅動鈴聲的重疊電壓，此為SPD規定的最大連續使用電壓。於最大連續使用電壓以下使用時，SPD的動作與線路傳輸特性等不受影響。此最大連續使用電壓規定以有效值或者DC值表示。
③	額定電流	額定電流不是指使電流限制元件動作的要件，而是能流通於SPD的最大電流值。換言之，即為流通於線路的電流值必須小於額定電流值。
④	電壓防護基準【Up】	於雷突波使SPD動作時，規定SPD限制電壓性能的參數。製造業者也可指定SPD的Up值大於脈衝的限制電壓最大值。
⑤	脈衝復歸 Impulse reset	SPD使用開關形的電壓限制元件（GDT或TSS等）時，回路流通電流受施加電壓的影響，突波通過後，動作無法停止的情形。試驗時，施加最大連續使用電壓，額定電流插入電流限制電阻的試驗回路，施加規定的脈衝，測量SPD從動作狀態至不動作狀態的時間。SPD的動作無法停止時，對通信會有不良的影響，此為重要試驗。
⑥	交流耐久性	交流耐久性有2種試驗用途，一為規定電壓限制元件的交流耐久能力，二為將限制電流元件串聯於線路的交流電流試驗。SPD兼備有電壓限制機能與電流限制機能的情形，2種試驗都要執行。
⑦	脈衝耐久性	對於脈衝耐久性確認試驗與交流耐久性同樣有2種試驗用途。試驗用脈衝波形由表5.10.2中選定。
⑧	過負載故障形式	規定過載時產生怎樣的故障形式的試驗。以脈衝與交流2種過載試驗來判定。如下列3種形式。 形式1：SPD的電壓限制機能在分離的狀態。SPD不具有防護機能（電壓限制機能）線路仍可使用。 形式2：SPD的電壓限制元件在短路的狀態。線路無法使用，雷防護性能與短路時的狀態相同。 形式3：SPD在非防護側為切離狀態。因線路切離，線路無法使用，仍具設備的防護。
⑨	傳輸特性	主要是通信(類比、ISDN)等高速數據線路、廣播信號、影像信號等比較高速性傳輸、傳輸路非常長的情形，若無適當的規定，對於通信會有影響。 規定項目有 ① 靜電容量 ② 插入損失 ③ 回流損失 ④ 縱平衡 ⑤ Bit error ratio(數位信號的時候)⑥ 近端漏話。SPD設置在此等線路時的必備要求，以免影響通信品質。
⑩	補足情報	有無使用放射性同位素等均有規定的必要。然而，最近很少使用放射性同位素作為限制電壓元件。
⑪	串聯電阻 註)此項目僅限於可適用的情形	於同一SPD中，由GDT與MOV、ABD等半導體元件構成而達成協調回路(多段防護)時，均使用串聯電阻。另外電流限制元件也有使用陶瓷PTC與多分子PTC。此等串聯電阻值均有規定。

備註：　GDT：氣體放電管，　　　　　　　　MOV：金屬氧化物變阻器，
　　　　ABD：Avalanche Breakdown Diode，　PTC：正溫度熱敏電阻
　　　　TSS：突波防護 Thyristor

第五章

5.6 雷突波減低的策略與SPD設置的關係

為使減低內部設備、器具因過電壓被害的LEMP對策，LPZ的有效活用與必要的接地及塔接，減低雷電流及磁場所感應過電壓的磁場遮蔽(以下簡稱遮蔽)與配線感應環路面積的極小化效果得以發揮，必須依配線準則設計、施工，其結果將可抑制突波的發生電壓至最低。雖依據此等方法得以施行雷突波的抑制對策，但為了回避殘留的過電壓高於被保護器具的耐電壓，就有設置SPD的必要性。

以下即為IEC 62305.4：2006雷突波減低策略與SPD的設置關係之概說。

5.6.1 分離LPZ的相互接續與SPD

LPZ(雷防護區域)因建築物形狀、建築物空間的存在狀況位置，使兩LPZ的空間分離，而這兩個LPZ的空間又必須有電力線或通信線銜接的情形。

在此情況時，於相同防護區域的LPZ施以相互接續，以減少在各個空間引進口的SPD設置數量，是可能的。於這樣的代表事例時，關於應注意的要點與LPZ空間的形成概說如下。

1) 使用SPD作為相互接續的2個LPZ 1例

圖5.6.1(a)例示，夾在兩個LPZ 1間的LPZ 0，兩個LPZ 1以電力線或是信號線相連接續，LPZ 1所在的建築物有個別接地系統時，有部分雷電流會進入相互接續的電力線、通信線。因此，於LPZ 1的交界點設置SPD，不如對流向另一個LPZ 1雷突波施以減低的必要策略。

2) 採用遮蔽接續線作為2個LPZ 1相互接續例

圖5.6.1(b)例示，兩個相互分離LPZ 1間夾著LPZ 0時。為了兩個LPZ 1相互接續，採用遮蔽電纜或遮蔽線槽，使部分雷電流引流至遮蔽部，順沿著遮蔽部使電壓降下至一定程度時，就可省略設置SPD。

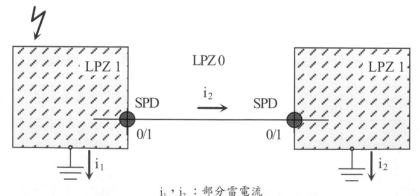

i_1，i_2：部分雷電流

圖 5.6.1(a) SPD作為2個LPZ 1相互接續

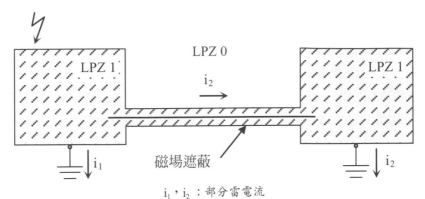

i_1, i_2：部分雷電流

圖 5.6.1(b) **遮蔽接續線作為2個LPZ 1相互接續**

3) 使用SPD作為相互接續的2個LPZ 2例

　　圖5.6.1(c)例示，在LPZ 1區域兩邊的LPZ 2僅以電力線或信號線相互接續時，於各LPZ 2的引進口處有必要設置SPD。

4) 採用遮蔽接續線作為2個LPZ 2相互接續 例

　　圖5.6.1 (d)的例示，在LPZ 1區域兩邊的LPZ2的電力線或信號線以遮蔽電纜或遮蔽線槽相互接續時，於各LPZ 2的引進(出)口處可省略SPD的設置。

第五章

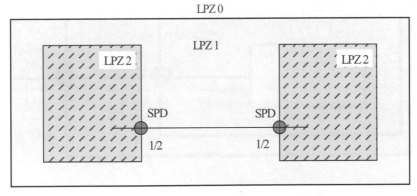

圖 5.6.1(c) SPD作為2個LPZ 2相互接續

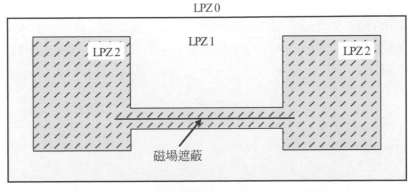

圖 5.6.1(d) 遮蔽接續線作為2個LPZ 2相互接續

5.6.2 遮蔽與SPD的適用位置

侵入的雷突波(過電壓)，藉由設置的SPD使突波電流分流至大地(接地)，同時限制在規定電壓(器具的容許耐電壓)以下。

必須考慮SPD的第一配置位置為LPZ0與LPZ1的界限處。這個界限為使突波分流至大地的最近位置。換言之，盡量將SPD設置於建築物的引進口附近位置為原則。在建築物內部得以防護的設備器具為多數時，設置的SPD越靠近引進線的入口處越有經濟上的益處。這樣的原則以外，關於LPZ與遮蔽關係所必要的SPD位置也概說如下。

1) 複數遮蔽空間與採用SPD對策例

圖5.6.2 (a)例示，區分LPZ 1與LPZ 2的二個遮蔽空間，於界限面設置2個SPD，LPZ的構成目的是為減低雷引起的幅射磁場及侵入突波。設置於LPZ2區域的器具設備，足以承受在LPZ2區域設定的LEMP基準。

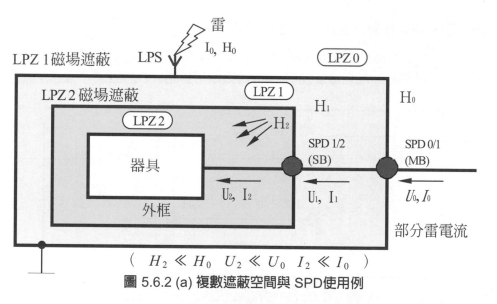

$$(\quad H_2 \ll H_0 \quad U_2 \ll U_0 \quad I_2 \ll I_0 \quad)$$

圖 5.6.2 (a) 複數遮蔽空間與 SPD使用例

2) LPZ 1的空間遮蔽與在引進口設置SPD對策例

圖5.6.2 (b)例示，在LPZ 1的空間施以遮蔽及設置SPD，作為減低電磁場及突波的對策。但是因比前項(a) LPZ及SPD的數量少，對器具的保護效果相對減小。

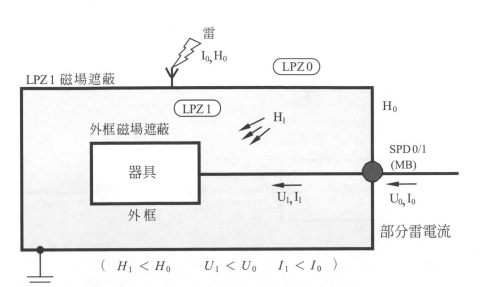

圖 5.6.2(b) LPZ 1的空間遮蔽與引進口SPD使用例

3) 建築物內部配線遮蔽與引進口SPD設置對策例

圖5.6.2 (c)例示，建築物內部配線遮蔽與引進口設置SPD作為減低LEMP為目的對策例。前項圖5.6.2 (b)同樣的結果，因LPZ少，對器具的保護效果小。

圖 5.6.2(c) 內部配線遮蔽與引進口SPD使用例

4) 無設置遮蔽，僅複數SPD設置對策例

圖5.6.2 (d)例示，在LPZ區域無設置遮蔽，於LPZ間僅施以複數協調的SPD作為對策例。這樣的情況，對於侵入雷突波，如施以各SPD的協調，則僅可減低雷突波電流，而對於幅射磁場無法減低。故此例僅能適用於無幅射磁場影響的地方。

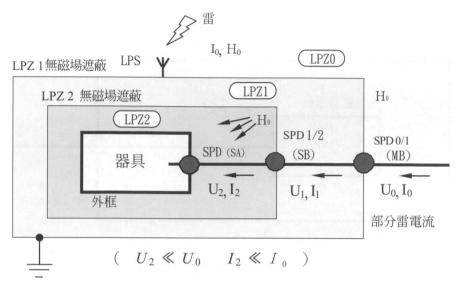

圖 5.6.2(d) 僅擇用協調SPD使用例

備註：圖5.6.2(a)～(d)記號說明

H_0，H_1，H_2　：落雷時產生的磁場、磁場遮蔽後減低磁場。

I_0，I_1，I_2　：落雷電流的分流電流、經SPD減低後電流。

U_1，U_1，U_2　：感應突波(過電壓)、經SPD減低後突波電壓。

SPD 0/1 (MB)　：LPZ0/1界限(主分電盤)設置的SPD。

SPD 1/2 (SB)　：LPZ1/2界限(二次分電盤)設置的SPD。

SPD 0/1/2 (MB)：LPZ0/1/2界限(主分電盤)設置的SPD。

SPD (SA)　：器具附近(插座)設置的SPD

──── ：磁場遮蔽界限

──── ：無磁場遮蔽界限

5.7 設置SPD後電雷突波的減低

　　雷突波防護器SPD的機能，限制侵入突波(過渡的過電壓或過電流)的分流電壓，以保護負載因過電壓的破壞。

　　電氣／電子設備(負載)對於雷突波的過電壓保護，必須考慮可防護過電壓的SPD與電氣／電子設備(負載)的過電壓耐量，以選取可過電壓協調防護的SPD。

　　關於設備對雷突波的過電壓保護，在電力線路或信號/通信線路，採用具協調性SPD的基本方法，二者均相同。可是在信號／通信(電子系統)中的配線構造、設備種類及傳輸信號的特性比電力(電氣系統)較為多樣，因此兩者在SPD選定與適用方法是相異的。電源回路的雷防護設計在5.9說明。而通信回路的雷防護設計在5.10說明。

　　本項5.7 僅對SPD減低突波設計的基本事項作概說。

5.7.1 雷突波侵入路徑與器具耐電壓破壞的模式

1) 雷過電壓破壞模式的原因

掌握落雷時電氣磁場(力)的現象，有需要充分理解雷電流參數。以過去CIGRE(國際大電力系統網會議)的觀測數據所統計雷電流參數及按照LPS保護基準的各種單元值定義。由於可掌握落雷電流的波形與波高值，包含考慮保護對象的防護基準，可估計雷電流參數值。

下述為LEMP對電氣／電子設備的影響。

①直擊雷電流(雷道及LPS流通的電流)。

　〔備考〕雷道：自上空至落雷地點的雷電流通道。

②直擊雷電流洩放至大地期間，雷電流自屋外配電線側向接地點分流。

　(又稱逆流雷)

③於直擊雷或是近傍雷所發生的幅射電磁場。

　由幅射電磁場在纜線類所感應的雷突波(過電壓及過電流)。

2) 雷擊電流的大小

雷擊電流的大小如JIS C 0367-1：2003規範，表5.7.1保護基準I~IV的規定。

表 5.7.1 第 1 雷擊的雷電流參數

電流參數	保護基準		
	I	II	III~IV
電流波高值 I　　(kA)	200	150	100
波頭長 T_1　(μs)	10	10	10
波尾長 T_2　(μs)	350	350	350
短時間繼續雷擊的雷電荷 Q_s[※1] (C)	100	75	50
比能量　　W/R[※1] (MJ/)	10	5.6	2.5

※1. 第一雷擊包含了全電荷的大部份，因此上述之值可視爲所有短時間繼續雷擊的電荷。
※2. 第一雷擊包含了能量比的大部份，因此上述之值可視爲所有短時間繼續雷擊的能量比。

3) 電氣/磁場的結合使器具的絕緣破壞

對於建築物內設備及器具(電氣／電子設備)，以減低電氣/磁場結合構造的影響為目的，施行適當磁場遮蔽時，雷突波侵入的路徑，如圖5.7.1所示，有三種侵入路徑，因而產生了設備、器具破損原因。

① 雷突波自電源線侵入時，電源線與接地間及電源線與通信線間產生絕緣破壞的

情形

② 雷突波自通信線侵入時，通信線與接地間及通信線與電源線間產生絕緣破壞的情形

③ 雷突波流入使大地電位上昇，接地與電源線間及接地與通信線間產生絕緣破壞的情形

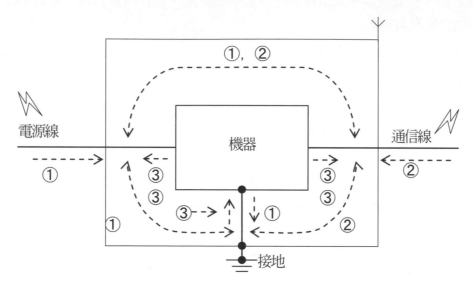

圖 5.7.1 雷突波侵入路徑與器具絕緣破壞路徑概念圖

5.8 根據SPD的雷突波防護設計步驟

一般採用SPD作為電源及通信的雷突波防護設計，關於SPD(Surge Protective Device)的雷突波防護設計的說明如下，建築物內部電氣、電子器具的雷突波防護，推薦依下列步驟實施。

性能確認

確認建築物外部及內部確實的雷防護系統，確認雷突波減低策略的實施
步驟① 確認雷突波電流經由雷保護系統（LPS）確實的向大地洩放（參照第4章）
步驟② 建築物內發生雷突波的減低策略（雷保護領域的導入、適切的磁場遮蔽、接地與
　　　 塔接的實施）
（參照第5章5.2雷保護領域的導入、5.3接地與塔接、5.4磁場遮蔽與配線準則）

雷突波防護設計	SPD	步驟 ③ a.掌握侵入雷突波電流及雷突波過電壓
		步驟 ④ b.掌握被保護設備耐電壓性能
		步驟 ⑤ c.按照SPD接續位置選定SPD
		步驟 ⑥ d.SPD間的協調及與其他裝置的突波協調

圖 5.8.1 電氣／電子器具的雷突波防護步驟

5.8.1 SPD選定要點

SPD的選定詳如JIS C 5381-12「選定流程」，圖5.8.2的說明為選定要點的概說。

1) SPD Uc、Ut及In、／Iimp／Uoc的選定

SPD最大連續使用電壓(Uc)必須高於系統發生的最大電壓(Ucs)。

日本100、200V單相二線式，100/200V單相三線式的Uc值，100V為110V以上，200V為230V以上。

SPD僅於規定時間內可承擔的最大電壓，稱為SPD的短時間過電壓(Ut)，Ut大於最大連續使用電壓(Uc)。配電系統的高壓側於接地事故時，低壓側有發生短時間過電壓的情形。

SPD的放電電流系依Class試驗所對照的直擊雷與感應雷來選定。(參考 5.9節)

1）SPD Uc、Ut 及 In、／Iimp／Uoc 的選定

⬇

選定SPD時必須留意事項
防護距離、壽命推定與故障模式、SPD與其他裝置的關係

⬇

2）SPD選定的基本公式(電壓防護基準Up的選定)

圖 5.8.2 JIS C5381-12 SPD的選定要點

2) SPD選定的基本公式(電壓防護基準的選定)

SPD的機能，控制電壓在被保護器具脈衝耐電壓基準(Uw)以下，對比SPD特性電壓防護基準(Up)與考慮SPD接線等的電壓降，式5.7.1為選定基準。

$$Up < Uw \dots\dots\dots\dots\dots\dots\dots\dots\dots\dots\dots\dots\dots\dots\dots\dots\text{(式5.8.1)}$$

SPD市場供給大致區分為：適用於電源回路用及適用於通信/信號回路用，對各個回路需要選定適合的SPD。近來也有同時將SPD接續於電源回路與通信回路的防護對策，對於選定此類SPD，事先最好徵得雷防護專業的正確判斷後而採用。

SPD基本要件機能於5.5.1節已說明。重新整理機能，SPD設置於必要的回路在正常使用時，對於回路不可有任何影響，僅能於雷突波過電壓侵入時針對過電壓動作，限制SPD電壓於防護基準內。對限制SPD過電壓於防護基準內，也可說是保護器具，對SPD而言亦可稱為對脈衝狀過電壓的電壓限制器，適用在回路的電壓基準與被保護器具的耐壓基準的確認，絕對是於選定SPD時的必要條件。

3) 選定SPD時必須留意事項

ａ．SPD設置場所：於決定SPD設置場所時，需要能掌握SPD設置點與被保護物的間距，與雷突波傳播的震動現象。其詳細內容記載於5.9.3 4)「二次分電盤裝置SPD的必要性」。

ｂ．壽命推定：雷突波的種類及發生頻率影響SPD的壽命，因此在選定SPD時須留意下列要件。

① 標準的老化試驗條件下無明顯的老化現象。

② 與其他SPD的必要性協調，考慮推測的雷突波及短時間過電壓 Ut。

③ SPD故障的時候，不會發生火災與感電的危險。

c. 故障模式：SPD故障時，主要依據雷突波及過電壓的種類。參考「5.5.3　2) c.SPD的適用相關注意事項」加以選定。

d. SPD與其他裝置的關係

SPD於正常狀態下，如5.5.1節「SPD機能」內容，不可造成其他機器的妨害與人體安全上的危險(間接接觸)。設置必要的分離器保護，使SPD於故障狀態時，不可妨害主回路的漏電斷路器、熔絲或是配線用斷路器等裝置的動作。

e. 選定SPD及SPD的協調

對雷引起被保護器具的電氣應力，設置2個以上SPD時也須滿足雷防護基本公式。此時，按照各個SPD的能量耐量，2個SPD間分擔應力的容許值有必要協調。

協調的方法，電力回路的情形，依記載於「5.9.6電源SPD間的能量協調」選定。

通信回路的情形，參考「5.10.4　通信/信號用SPD的協調與其他裝置雷突波協調」的記載內容妥適選定。

5.9 電源回路SPD雷防護設計

第五章

5.9.1 掌握侵入電源回路之雷突波電流及過電壓

1) 低壓配電線發生的電壓、電流[3]

日本東京電力自1981年至1987年間所測得雷過電壓，如圖5.9.1例示。圖中70％為5kV以下，超過10kV約10％。

圖5.9.2所示為高壓配電線用避雷器接地線及於低壓配電線設置SPD時，在接地導線端裝設突波電流測定器所測得放電電流，圖中低壓配電線的放電電流累積頻度於50％為2至5kA，10％為5kA，1％為10kA。

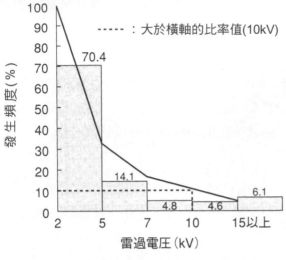

圖 5.9.1 低壓配電線雷過電壓的電壓別發生頻度

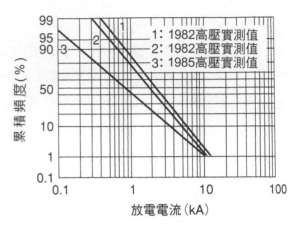

圖 5.9.2 避雷器放電電流實測值分佈

2) 估計低壓配電系統內的感應雷過電壓

當落雷發生在建造物或樹木所靠近的電源線或通信線時，雷擊電流引起線路近傍電磁場急劇變化所產生的過電壓稱之為感應雷。

JIS C 5381-12：2004附錄C記載過電壓U的計算式如下所示。

$$U = 30 \times k \times \frac{h}{d} \times I$$ ....(式5.9.1)

其中I為雷擊電流(kA)，h為導體與大地間距(m)、k為雷道的回擊(return stroke)的速度係數(1～1.3)、d為雷放電地點至受雷點的距離(m)。

中度的雷擊電流I＝30kA於h＝5m、d＝300m時的過電壓U為15kV。此值因超過一般低壓器具的脈衝耐電壓而須有防護對策的必要。因雷擊電流於至波頭值止時的電流斜率最大，相對的在被感應線路所發生的感應電壓為最大。因此10/350μs那樣的雷擊電流於波頭時間10μs附近影響為最大，故規定了感應雷脈衝電流波形為8/20μs。

另外，日本電氣設備學會報告 IEIE C 0216器具脈衝耐電壓調查結果所記載的低壓配電器具及TV等的器具脈衝耐電壓經推測約為2.5kV至10kV(照明器具除外)。

3) SPD對於感應雷的脈衝電流規格

表5.9.1各種的規格、基準所示脈衝電流。標稱放電電流2.5kA~10kA(參考)。

感應雷於SPD的脈衝放電電流實測例如圖5.9.2所示。

其中累積頻度10kA為1％(99％適用)、5kA為10％(90％適用)2.5kA為40％(60％適

用，標稱放電電流的基準會根據適用電流大小程度的判斷而不同。

本設計指南依IEC整合與在實際系統的實測數據，推薦標稱放電電流為5kA以上(最大放電電流為10kA以上程度)。

表 5.9.1 感應雷對脈衝電流規範的比較

規格/基準名	脈衝電流的基準值
JIS C 60364-5-53「過電壓保護裝置」	SDP的額定放電電流必須大於5kA
日本 建築設備設計基準	Class II SPD標稱放電電流10kA(8/20μs)以上
公共建築工事標準規範書（電氣設備工事編）	Class II SPD標稱放電電流5kA(8/20μs)以上
「含避雷機能的住宅分電盤SPD額定電流(感應雷)」	標稱放電電流2.5kA、最大放電電流10kA以上 例於日本海沿岸時，選擇較大標稱放電電流的SPD
IEEE C 62.41.2:2002	3kA(8/20μs) 複合試驗Uoc=6kV

5.9.2 電源被保護設備的耐電壓性能的掌握

1) 低壓回路接續器具的絕緣耐力基準

在日本沒有規定供給低壓器具的脈衝耐電壓規格值，製造廠商對於低壓器具也沒有發表脈衝耐電壓值。然而，對於避免過電壓而引起絕緣破壞及維持電氣／電子設備器具的信賴性，保持業務的持續性是相當重要的工作。

a．被保護設備耐電壓性能的掌握

前面已經說明了SPD機能，對於雷突波電壓必須被限制在被保護器具的脈衝耐電壓標準值以下。可是，一般被保護器具耐電壓是沒有被公開的。因此，在目前對於調查被保護器具的脈衝耐電壓有困難的狀況必須有所認知。

另外，在自然界發生過電壓的典型例為雷引起的脈衝狀的突波(過電壓)，而此突波過電壓與所對應器具耐力關係是相當明確化，這對於被保護器具的防護是絕對必要的事項。

因為此等背景原因，在低壓回路接續器具的絕緣協調相關規格，於JIS C 0664：2003制定有「接續於低壓回路器具的絕緣協調」。在這個規範當中，並規定對於低壓器具的額定脈衝耐電壓值(參照表5.9.2)。由於此規範的制定，今後期待關於低壓器具的個別規格(JIS等)中也可規定單體器具的額定脈衝耐電壓值。因此保護對象器具的耐力值明確化，使得SPD防護精確度可向上提昇。

第五章

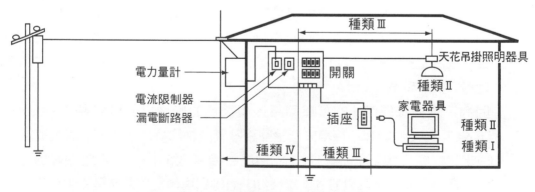

表 5.9.2 低壓器具的額定脈衝耐電壓

供電系統的標稱電壓(V) (相電壓／線間電壓)		交流或直流標稱電壓 火線的對地電壓 (V)	額定脈衝電壓　（V）			
三　相	單　相		過電壓種類			
			I	II	III	IV
		50	330	500	800	1,500
		100(*1)	500	800	1,500	2,500
	100，100-200	150(*1)	800	1,500	2,500	4,000
200，230/400		300	1,500	2,500	4,000	6,000
		600	2,500	4,000	6,000	8,000
		1000	4,000	6,000	8,000	12,000

出處：JIS C 0664：2003「接續在低壓回路器具的絕緣協調」
（表1：低壓電源直接供電時器具的額定脈衝電壓）
備註：(*1)日本供電系統標稱(對地)電壓100V，適用150V欄位。

2) 過電壓種類

依據JIS C 0664：2003 規範，所謂過電壓種類，指過渡過電壓條件的定義，以數字表示。這些數字以I、II、III及IV作為過電壓種類。

表 5.9.3 低壓主電源直接供電的器具

過電壓種類	說 明
I	在電路接續的器具，為了限制過渡過電壓於適當低基準所採取的措施。
II	提供電力銜接於固定設備的消費器具（例）家電器具、可搬動形工具及家用類似裝置。器具的信用性及有用性有特別要求時，採用過電壓種類III。
III	固定設備之器具的信用性及有用性有特別要求時，採用過電壓種類III。
IV	使用的設備位於電力引進口。（例）電力量計及一次過電流保護裝置。

圖 5.9.3 家庭內器具的種類分類

含回路的電氣／電子器具於過電壓種類分類的考慮要領，接續在纜線的低壓電氣回路，將過電壓種類界限視同安裝於雷保護區域(LPZ)界限的位置而言，是謀求LPZ共通化的概念。也就是以各種類的界限部為原則，設置適當的SPD，可因應雷突波對器具間的絕緣協調。

圖 5.9.3 為家庭內器具的過電壓種類分類，依此使雷突波侵入的程度對比器具規定的額定脈衝電壓，於界限部較容易防護。

同樣的，在工業用器具的規定，一般於工廠內使用盤內器具及工廠內設備器具，大部份以過電壓種類III作為防護基準(一部份為種類IV)。

5.9.3 依照電源SPD接續位置選定SPD

1) 接續於低壓配電系統的SPD

一般在架空線所採用的配電線為交流110V或220V，特別是在郊外的情形，配電距離比較長，於雷放電時感應的雷突波相對比較強。因此使用商用電源的器具有必要作適當的雷突波防護。

電源回路的雷突波防護方法通常以氣體放電管(以下稱為GDT)、變阻器等洩放電流元件所組合的電源用SPD，或含有屏蔽層(Shield)的耐高壓絕緣變壓器與電源用SPD組合的特殊SPD (通稱耐雷變壓器)使雷突波電流洩放至大地。

前者為小型且較具經濟價格的防護設備，大多使用於一般電源防護，在可預測的異常電壓範圍內均能確實的防護。後者的防護設備比較大型且需高額設備費用，多使用於無線中繼站等苛刻使用條件的設備防護或者重要回路的電源防護。

2) 低壓配電受電時的雷防護

對應直擊雷的防護方式如圖 5.9.4 所示。

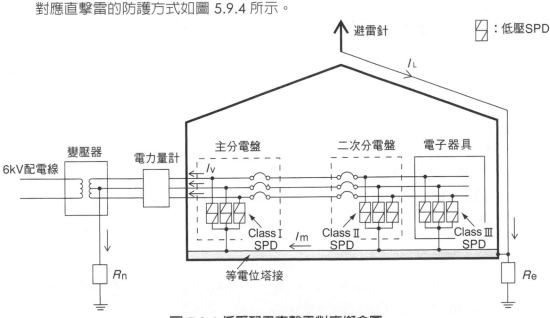

圖 5.9.4 低壓配電直擊雷對應概念圖

3) 低壓受電建築物的直擊雷電流分流

JIS C 5381-12附錄D及JIS C5381-1：2004附錄A、附錄I中，記載直擊雷分流的計算方法。根據上述，於圖 5.9.4 所示，竄流至電力線電流Im與流通於電力線各相電流Iv各以式 5.9.1 及式 5.9.2 表示如下。

$$Im＝I_L／(1+Rn／Re)..(式5.9.1)$$

$$Iv＝Im／n..(式5.9.2)$$

I_L　　　：建築物的雷擊全電流(防護基準IV時10/350μs、100kA)

Im　　　：竄流至電力線(低壓配電線)電流

Rn　　　：供電側的B種接地電阻(Ω)

Re　　　：被雷擊建築物的總和接地電阻(Ω)

n　　　　：低壓配電線的線數

依據IEC檢討例(第7章7.7)，如Rn與Re為同一接地電阻(例30Ω)時，Im為50%(竄流)。

a．接地系統的接地電阻與直擊雷電流的分流計算

JIS C 5381-12：2004附錄I，無法算出各個接地電阻時，估計至建築物的雷擊全電流的50%自建築物的接地電阻Re側流出，剩餘的50%竄流至電力線。

此時，於計算竄流至單相三線式及三相3線式的各相電流，假設雷擊全電流I_L＝100kA時、流通於各相電流Iv為100／2÷3=17kA(10/350μs)。

三相4線式的各相電流Iv為100／2÷4=12.5kA。

因而，對應SPD Class I 試驗的脈衝電流Iimp＝17kA，或單相 2 線式時為25kA或三相4線式時為12.5kA等以上的SPD，應設置於引進口一次分電盤。

另外，高層大廈等大型建築物，假設接地電阻值相當低的情形，大部分雷擊電流均流向建築物的接地側至大地洩放，使竄流至電力線的電流變成很小。以接地電阻值Re＝2Ω、Rn＝20Ω為例作為檢討參考。

(選定Re＝2Ω、Rn＝20Ω的理由說明於如下備註①、②)。

此時依據式5.9.1及式5.9.2 計算竄入的雷電流

Im＝100／(1+20／2)＝9kA，　Iv＝9／3＝3kA。

此時，採用SPD防護電力線各相時，需要Class I SPD耐脈衝電流Iimp＝3kA(10/350μs)以上的規格。

若以電壓限制形(MOV)Class II(8/200μs) SPD取代Class I SPD Iimp＝3kA(10/350μs)時，需考慮約3kA電流值的11倍至13倍(8/20μs)才能取代Class I SPD，換言之以Imax(8/20μs)33 kA至39kA Class II SPD設置於1次分電盤(關於詳細電流換算如資料2.5所示)

備註：

① 關於基礎接地電阻Re＝2Ω的選定

日本的高壓受電設備規程160-6，與大地間的電氣電阻值為2Ω以下，係指建築物鋼骨、其他的金屬體於連接避雷器接地極並經A種或B種或C種或D種接地極與大地的連接接地。

又電氣設備技術基準的解釋說明；同時併用A種、B種接地極，可使基礎電阻值達2Ω以下。

因而於高層建築以連接接地作為主流時，選定2Ω以下的檢討根據。

② 關於B種接地電阻Rn＝20Ω 的選定

電氣設備技術基準所定義的B種接地電阻值為150V單獨接地，一線接地電流Ig時的接地電阻值。一般架空線接地電流Ig為1至5A，接地電阻值為30Ω至150Ω。

纜線系統時接地電流 Ig為3至7A，推測接地電阻值為20至50Ω。

另外，電氣設備技術基準的解釋說明；高壓用避雷器與低壓系統接地連接時，規定接地電阻值為20Ω以下，電力公司也有運用此方法。因此，這是檢討雷擊電流竄至電力線的分流較大時，以20Ω作為接地電阻值的條件。

4) 二次分電盤設置SPD的必要性

JIS C 5381-12及電氣設備學會報告IEIE C 0216「低壓設備關連IEC規格運用技術檢討報告書」對於在一次分電盤設置SPD接近保護器具與二次分電盤的距離超過10m以上時，由實驗解析証明於二次分電盤SPD的電壓防護基準Up值將增加2至3倍的電壓。

圖 5.9.5 的測定例顯示，由於雷突波的振動與反射使開放端的電壓增幅加大。圖中為屋內配線與共通接地線的間隔為1m時(實線)和接近時(虛線)的區別。又圖中表示SPD的接地線長度為0cm、10cm、50cm、1m時的各種數據，其中以1m長時發生的端末電壓最高。

JIS C 5381-12附錄K 1.2項也敘述同樣的內容(2倍以上增幅)。因此、與Class I SPD間隔10m以上距離時，有設置Class II SPD的必要。此時應留意與Class I SPD間的耐電流量協調，一般為Imax＝20kA以上就已足夠了。

第五章

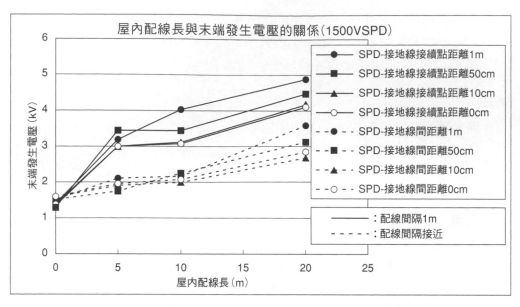

圖 5.9.5 屋內配線長與端末發生電壓的關係(SPD限制電壓：1500V)

SPD與被防護器具間距離10m以上長度時，由於距離使突波的傳送振動現象發生電壓上昇，為了抑制過電壓有必要於器具附近追加SPD的設置，且盡可能在LPZ 1與LPZ 2間構築多段防護。

突波傳送振動現象的回路長度未滿10m或是SPD輸出端電壓小於被保護器具脈衝耐電壓Uw的1/2時，可忽略防護距離的規定。

5) 於高壓受電時的雷防護

圖 5.9.6 表示高層大廈採用高壓受電方式的例子。整合了電壓種類的基準與雷保護區域，而設定SPD防護區分。此時於高壓受電盤安裝高壓避雷器及低壓配電線的一次分電盤(主配電盤)與二次分電盤為SPD的設置位置。又SPD的接地，高壓避雷器與主配電盤用接地接至統合接地端子GW-G，二次分電盤SPD與負載器具接至樓層接地端子GW-F。

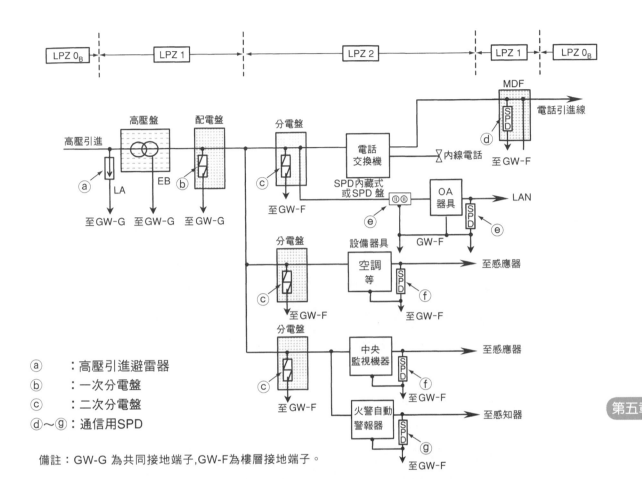

- ⓐ　：高壓引進避雷器
- ⓑ　：一次分電盤
- ⓒ　：二次分電盤
- ⓓ～ⓖ：通信用SPD

備註：GW-G 為共同接地端子,GW-F為樓層接地端子。

圖 5.9.6 高壓受電設備的雷保護區域與SPD安裝位置的概念圖

6) 高壓受電建築物的直擊雷電流分流[4]

建築物遭直擊雷時，雷電流的動向如圖5.9.7所示。

高壓受電建築物與低壓受電建築物同樣，大部分電流從建築物的接地Re流出。一般，受電用變壓器及保護用高壓避雷器與低壓SPD接續於接地端子GW-G，低壓配電線的逆流經由高壓避雷器流向高壓配電線。低壓側因變壓器的絕緣關係，在低壓側SPD不需要考慮直擊雷分流，只需對感應雷的對象施以對策。

已知由感應突波產生的開閉突波流動於鋼骨及由直擊雷對配電線的電磁感應電壓等，於SPD選定時，以額定放電電流In＝5～10kA 作為Class II 試驗電流就足夠了。高壓配電線側的分流計算方式與低壓配電方式相同，圖 5.9.7 為逆流雷的檢討模式。

第五章

125

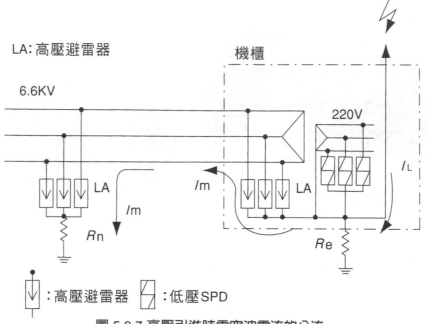

LA: 高壓避雷器　　　　　　　機櫃

6.6KV

220V

LA　　　/m　　　　LA

/m

/L

Rn

Re

▽ :高壓避雷器　　⬭ :低壓SPD

圖 5.9.7 高壓引進時雷突波電流的分流

ａ. 高壓受電建築物直擊雷電流的分流計算

高壓配電線側的分流電流 Im。(簡易計算例)

$$Im = I_L \times Re \diagup Re + Rn + (2Rs \diagup 3) ....(式5.9.3)$$

Re　　　　:建築物的總合接地電阻(2~10Ω)

Rn　　　　:高壓避雷器接地電阻(電氣設備技術基準:單獨接地電阻30Ω)

Rs　　　　:高壓避雷器雷電流(約2KA)通過中的內部電阻(如限制電壓為18kV,1相
　　　　　　為9Ω程度、三相並列為3Ω)

雷擊電流I_L=100kA,Re=2Ω,代入式5.9.3,Im=5.3kA(10/350μs),則通過高壓
避雷器1相的電流約Iv為1.75kA。此時吸收的能量約15kJ(15K焦耳)。

與高壓避雷器的界限吸收能量比較時,現行高壓避雷器的標稱放電電流In=2.5kA
的製品約15kJ,符合額定電壓8.4kV標稱放電電流In=2.5kA的規範。

一般於山頂附近設置通信設備等時,由於地質的關係,建築物的接地電阻均為高
電阻 (Re=2Ω以上)。所以雷電流可能向高壓避雷器側流動,故大於5kA或10kA的Im
值是適用的。

5.9.4 設計條件與流程圖

圖 5.9.8 與圖5.9.9示內部設備器具防護電源系統防護設計的流程圖。

圖 5.9.8(流程圖①)為在建築物受雷部系統的直擊雷對應，圖 5.9.9(流程圖②)為僅對感應雷作為對象，SPD的選定流程圖。

雷防護設計必須考慮的內容如下所示項目。

① 雷的種類及條件
② 保護對象建築物與器具的運用條件
③ 為了保護的目的，使用器材的選定

① 雷的種類有直擊雷及感應雷兩種，含雷的大小(保護基準I～IV)。落雷頻率與被害風險等考慮，需與業主協議後決定。

② 依據建築物的構造與接地條件、受電方式、屋外器具、屋內器具等，因雷擊電流的流動方式不同，此等條件必須明確。特別是建築物的接地電阻為低的時候，大部分雷擊電流均向外部流出，因而流入建築物內的電流小，所對應SPD採用耐量小的脈衝即可。又，關於高層大廈等於樓層與配電線間發生的突波電壓及流入的突波電流相關防護正在檢討中。另外對於防護對象器具，依據其設置於屋外或屋內的情形，有無直擊雷的可能性，有無電磁場的減衰等，由雷保護區域(Zone)來決定，其中對應的使用器材也不同。

③ 對於直擊雷引起流向屋內逆流雷的防護對象，與單純感應雷的防護對象之情況截然不同，因此採用的防護對策規範也有很大的不同。

第五章

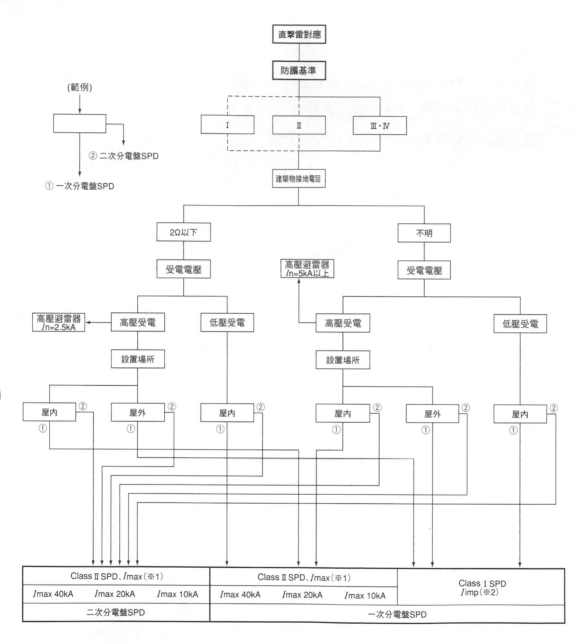

※1. Imax：最大放電電流(8/20μs)

※2. Iimp ：脈衝電流(10/350μs)

備註：1. 直擊雷對應用SPD的 脈衝電流規格，一般情形下它的動作頻率(次數)很少，相當於Class II SPD
　　　　的Imax也是動作頻率(次數)很少，Class I SPD時以Iimp表示。

　　　 2. SPD的詳細選定參照表5.9.4

圖 5.9.8 設計流程圖① (建築物受雷部系統的直擊雷對應)

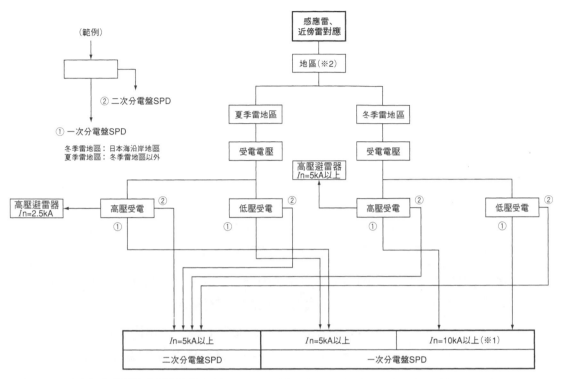

※1. In：標稱放電電流

※2. 冬季雷主要是指冬季日本西岸沿海發生雷的地區，夏季雷主要是指太平洋側或南方九州所發生雷的地區。

備註：1. 本流程圖不僅針對電磁場感應的雷突波，對建築物沒有雷擊，而是由近旁的雷擊經接地線侵入時的SPD防護也能適用。爲了減輕冬季雷地區的被保護設備的雷損害事故，盡可能選擇較大的標稱放電電流In及最大放電電流Imax之雷防護器SPD，建議選擇2倍夏季雷的雷防護器SPD。

　　　2. 參照表5.9.5 SPD詳細選定。

圖 5.9.9 設計流程圖②(感應雷、近旁雷對應)

5.9.5 設置場所別SPD選定一覽

圖 5.9.10 受電盤的代表配置模式及表5.9.4、表5.9.5 推薦的SPD相關規格。

- A 模式高壓受電配置在屋頂(LPZ 0_B區域)
- B 模式高壓受電配置在屋外(LPZ 0_B區域)
- C 模式高壓受電配置在屋內(LPZ 1區域)
- D 模式低壓受電配置在屋內(LPZ 1區域)

表 5.9.4 以直擊雷爲對象，有配置受雷部系統的建築物電源回路保護用SPD。

表 5.9.5 以感應雷、近旁雷爲限定對象時，建築物電源回路保護用SPD。

以下的說明爲 A～D 高壓受電盤模式與SPD選定。

A 模式，受雷部發生雷擊時，雷擊電流經由最上層的一次分電盤用SPD動作後流入配電線，再經由最下層SPD動作後流出。因雷擊電流為10/350μs，需要Class I SPD的防護。

另外由於無法減低屋頂上的電磁場，防護器具用SPD的脈衝耐量需較大。

B 模式，雷擊電流經由建築物內一次分電盤逆流至屋外受電盤側，需要Class I SPD的防護。

C 模式，雷擊電流經由受電盤用高壓避雷器動作後流出，低壓感應雷用SPD予以對應即可。

D 模式，低壓直接引進的例示，建築物等的接地電阻不明無法計算時，雷擊電流50%因由SPD經電源供給側流出，而需要Class I SPD的防護。

同時，以直擊雷為對象的SPD額定脈衝電流，Class I 的脈衝電流Iimp(10/350μs)，因落雷頻率少，以 Class II 代用時，最大脈衝電流用Imax表示。

檢討以保護基準IV(100kA)作為直擊雷的防護對象時，於一般建築物考慮採用保護基準IV是足夠的。然而詳細檢討及SPD等選定時，需要與雷保護專業協商。

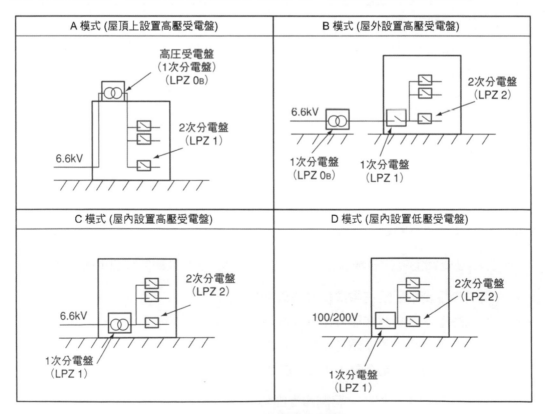

圖 5.9.10 受電盤的配置模式

表 5.9.4 條件：建築物配置受電部系統的直擊雷對應(保護基準IV 100kA(10/350μs)

建築物的接地電阻	受電電壓	機櫃配置模式	機櫃位置	受電用高壓避雷器	一次分電盤用SPD（開關盤）	二次分電盤用SPD 100~200V
不明	高壓受電 6.6KV	A	屋頂	額定電壓：8.4 KV 標稱放電電流：5.0 KA (※1)	Class I SPD（※2）	Class II SPD Imax=20KA 以上 （※5） 但是 屋頂上與最底層為 Class I SPD Iimp=20KA 以上 （※2）
		B	屋外		Class I SPD Iimp=20KA 以上	
		C	屋內		ClassII SPD Imax=20KA 以上	
	低壓受電	D	屋內	——	Class I SPD（※3） Iimp=20KA 以上	
2Ω 以下	高壓受電 6.6KV	A	屋頂	額定電壓：8.4 KV 標稱放電電流：2.5 KA	Class I SPD Iimp=20KA 以上	
		B	屋外		Class I SPD Iimp=20KA 以上	
		C	屋內		Class II SPD（※6） Imax=20KA 以上	
	低壓受電	D	屋內	——	Class II SPD（※4） Imax=40KA 以上	

※1. 建築物接地電阻大，逆流至高壓配電線的雷電流變大，故建議高壓避雷器的標稱放電電流 In為5kA以上。
※2. 直擊雷電流自屋頂及最底層流入電力線，需要Class I SPD的防護。
※3. 低壓受電盤時，因雷擊電流自引進口(一次分電盤)經SPD逆流，需要Class I SPD的防護。
※4. 直擊雷的逆流雷小，以Class II SPD代用。
※5. 各樓層於構造體流通電流引起的電磁感應電壓及開閉突波，需要Class II SPD的防護 （Imax＝20kA程度）。
※6. 感應雷防護，需要Class II SPD的防護（Imax＝20kA程度）。

表 5.9.5 條件：感應雷、近旁雷的防護(保護基準、建築物構造、接地電阻、雷保護區不適用)

雷種類	受電電壓	受電用高壓避雷器	一次分電盤用 SPD (100~200V)	二次分電盤用 SPD (100~200V)
夏季雷	高壓受電 6.6KV	額定電壓：8.4KV（※2） 標稱放電電流：2.5KA	Class II SPD In=5KA 以上 (Imax=10KA 以上) Up=1.5KV 以下	Class II SPD（※3） In=5KA (Imax=10KA) Up=1.5KV 以下
	低壓受電 100~200V	—		
冬季雷 （※1）	高壓受電 6.6KV	額定電壓：8.4KV 標稱放電電流：2.5KA	Class II SPD In=10KA 以上 (Imax=20KA 以上) Up=1.5KV以下	
	低壓受電 100~200V	—		

※1. 冬季雷的雷電流能量大於夏季雷的雷電流能量。
※2. 有必要採取自高壓配電線引發感應雷的對策。
※3. 二次分電盤與一次分電盤之間需要10m以上距離。

5.9.6 電源SPD間的能量協調

1) 電壓開關形SPD與電壓限制形SPD的情形

電壓開關形SPD(SPD1)與電壓限制形SPD(SPD2)的能量協調回路例如圖5.9.11所示。

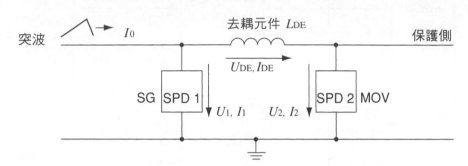

圖 5.9.11 協調回路例 (能量協調的說明回路)

如圖所示,自電源線側侵入雷突波時,僅有電流I_2流過動作開始電壓低的SPD2。去耦元件與SPD2產生的壓降,使SPD1端子間電位上昇達到SPD1動作電壓而動作,突波電流I_1全部流經SPD1。此協調解說如下。

協調條件例

SPD1(SG)放電開始電壓(U_1)=2400 V

SPD2(MOV)限制電壓　(U_2)=800 V

去耦(decoupling)元件　LDE=10 μH

雷突波電流　8/20 μs I_0 (A)

雷突波電流的di／dt$\fallingdotseq I_0$ (A)／8(μs)$\fallingdotseq I_0$／8(A／μs)

當U_2+U_{DE}的端電壓等於U_1時,SPD1動作。

因此　$U_1=U_2+U_{DE}=U_2+L_{DE}\times(di/dt)$

2400(V)=800(V)＋10(μH)$\times I_0$/8(A/μs)

$\quad\quad I_0$=(2400－800)$\times$ 8/10

$\quad\quad\quad$=1280(A)

$\quad\quad\quad\fallingdotseq$ 1.3(kA)

此協調條件為當I_2電流為1.3kA時,SPD1開始動作。換言之,侵入雷突波電流的峰值電流為1.3kA 以上的波形時即達成協調動作,SPD2的雷突波電流耐量至少為1.3kA(8/20 μs波形)以上。

第五章

另外考慮以直擊電流波形的逆流雷時(10/350μs)的協調動作在1.6kA時達成，SPD2的雷突波電流耐量以 8/20μs換算時、需考量有11～13倍數的必要，則約20kA。

2) Class I、Class II均為電壓限制形SPD(MOV)的時候

能量協調的條件為

　a)Class I SPD的能量耐量大於Class II SPD的能量耐量。

　b)Class I SPD的動作開始電壓小於或等於Class II SPD。

　c)Class I 的限制電壓小於或等於Class II 界限電流的限制電壓。

圖5.9.12 為Class I SPD Iimp＝25kA、Class II SPD Imax＝20kA的協調試驗結果。檢討回路，將SPD1置換為MOV，其他條件與圖5.9.11回路相同試驗的條件，如以下的情形。

- Class I SPD的能量耐量約為Class II SPD的6倍。
- 動作開始電壓大致相同或者Class I 稍低。
- 圖5.9.11 SPD1與Class I SPD2的間隔Ld自0至20m不同變化。供給電流25kA(10/350μs)。

圖 5.9.12中 $i1$、C1代表Class I SPD的電流與電荷量，$i2$、C2代表Class II SPD的電流與電荷量，SPD1與SPD2間隔距離5m以上時，因電抗成分，Class II 的電流被限制，並且使大部分雷電流的分流均流向能量耐量較大的Class I SPD。試驗報告証實了在協調上沒有問題。

可是 SPD的特性因製造廠商不同，SPD的特性也有所差異，於能量協調上，建議採用同一製造廠的產品。

第五章

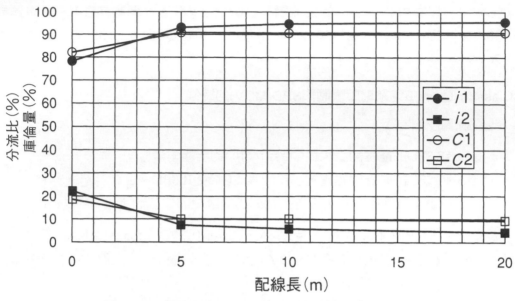

圖 5.9.12 導線長度不同時電流、庫倫量特性(實測值)

5.10 通信回路用SPD的雷防護設計

關於通信裝置的雷防護，本節記述了通信設備用SPD於設置場所的選定方法。

考慮設備於設置場所的雷防護區域，推定的雷突波波形，電流波高值及電壓防護基準等，以決定SPD所要性能。詳細的通信雷防護，參照JIS C 5381-21通信/信號用SPD。

一般的資訊通信裝置，設備係指含有數據回路的設備，如廣播/火災警報設備等ICTE設備。(ICTE：Information and Communication Technology Equipment)。此等大致可區分，由低壓配電線供電給主裝置等，經主裝置等提供電源給電的方式，或者感應器等不需要供電的裝置/設備。

本設計指南係針對前述低壓配電線供電給主裝置者，以達到電源部分的雷防護為前提作出說明。

5.10.1 侵入通信/信號線的突波電流及過電壓的掌握

根據眾多的研究，侵入通信/信號線的突波電流/電壓波形，採用已論定的SPD性能評價試驗波形規定值。因此於採用SPD作為侵入通信/信號線的電流/電壓減低策略時，有必要理解既定的規格內容與掌握侵入的突波電流/電壓。

1) 雷防護區域(LPZ)的突波電流與SPD的選定

考慮SPD設置在各個不同雷防護區域界限的需求後選定之。此時侵入每個雷防護區域的雷突波波形，JIS有規定，對於此等雷突波所要性能的規定內容可參考製品的型錄、規格書等選定之。

JIS C 5381-22規定SPD選定，介紹如表5.10.1所示。

表5.10.1　依據JIS C 0367-1 及JIS C 61000-4-5 於區域界限使用SPD 的選定介紹

JIS C 0367-1 雷防護區域		LPZ 0/1	LPZ 1/2	LPZ 2/3	突波波形的根據[1]
雷突波電流範圍 波頭長／波尾長（μs）	$10/350\mu s$ $10/250\mu s$	$0.5\sim2.5\,kA$	—	—	直擊雷的分流
	$1.2/50\mu s$ $8/20\mu s$	—	$0.5\sim10\,kV$ $0.25\sim5\,kA$	$0.5\sim1\,kV$ $0.25\sim0.5\,kA$	感應雷及前段SPD的殘留波形引起
	$10/700\mu s$ $5/300\mu s$	$4\,kV$ $100\,A$	$0.5\sim4\,kV$ $12.5\sim100\,A$	—	遠方雷感應
SPD 所要性能 （表**5.10.2**的種類）	SPD (j)[2]	D1，D2，B2	—	無建築物外部的電阻結合	
	SPD (k)[2]	—	C2/B2	—	
	SPD (1)[2]	—	—	C1	

※ 1：JIS C5381-22　記述內容的簡易表現。
※ 2：SPD (j，k，1)參照圖5.10.3。
備註：LPZ2/3所示突波範圍，包含典型的最小耐量所要性能。且，依市場要求也可適用於器具。

2) 侵入通信／信號線的突波電流／電壓

對侵入通信／信號線雷突波的適用SPD對策，依表5.10.2 脈衝波形(電壓、電流波高值)選定。表5.10.2以表5.10.1"JIS C 0367-1及JIS C 61000-4-5 於區域界限使用SPD選定介紹"為基準。

表5.10.2中列出的種類係依據「試驗種類」所分類的。例如種類C的快速上昇電壓波形1.2μs，種類B的緩慢上昇電壓波形10μs等作為分類。適用於通信系SPD的脈衝波形通常以採用種類B2或C2為多數。

地區性通信用SPD因一般可以種類C1,C2為適用波形，而以採用1.2/50μs、8/20μs的複合波形較為理想。又能滿足種類D1波形的SPD也可承受種類C1,C2的脈衝。

選定脈衝波形時，僅以侵入雷突波種類1條件作為考慮選定SPD是不夠的，有必要施以全面性的檢討後選定。

表5.10.2所示試驗波形10/1000波形，為美國多半使用的波形。B2種類的10/700波形，為了遠方感應雷對ICTE裝置的因應，可適用於考慮接續電話回線，如表5.10.2所示。

表 5.10.2　SPD的種類分類所採用脈衝波形

種類	試驗的種類	開回路電壓[2]	短路回路電流	最小施加回路	試驗端子
A1	非常遲緩的上昇率	≧1kV 0.1~100kV/s 上昇率	10A 0.1~2A/ms ≧1000 μs (持續時間)	不適用	X1－C X2－C X1－X2
A2	交流	JIS C 5381-21 　表 **5.2.2.3** 試驗選擇		單週波	
B1		1kV 10/1000	100A 10/1000	300	
B2	遲緩上昇	1kV 或 4kV 10/700	25A 或 100A 5/300	300	
B3		≧1kV 100V/μs	10A，25A 或 100A 10/1000	300	
C1		0.5kV 或 1kV 1.2/50	0.25kA 或 0.5kA 8/20	300	
C2	快速上昇	2kV，　4kV 或 10kV 1.2/50	1kA，2kA 或 5kA 8/20	10	
C3		≧1kV 1kV/μs	10A，　25A 或 100A 10/1000	300	
D1	高能量	≧1kV	0.5kA，1kA 或 2.5kA 10/350	2	
D2		≧ 1kV	1kA 或 2.5kA 10/250	5	

3) 通信線發生的突波電壓

圖5.10.1表示由遠方雷在通信端末側及交換機(局內)側發生的突波電壓。本圖顯示觀測通信端末側最大雷突波電壓為10kV，交換機側為數kV。通信端末側以1雷雨日，100回路中，在1回路發生的雷突波電壓為10kV程度。由於纜線的外被覆接地與通信設備的接地為同點接續，兩者間無電位差，因此在交換機側發生的雷突波電壓較低。

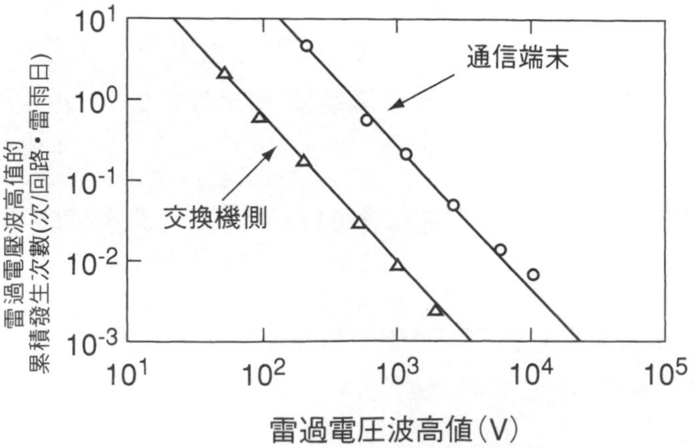

圖 5.10.1 遠方雷引起雷過電壓

5.10.2 被保護設備(通信/信號設備)耐電壓性能的掌握

選定正確的SPD時，需與廠商確認被保護裝置對接地間、線間、回路間的耐電壓，以利選定具有防護性能比耐電壓低很多的SPD。

1) 通信設備的耐電壓

為了選擇能防護通信設備雷突波的SPD，確認被保護器具的耐電壓是很重要的檢討條件。檢討器具的耐電壓如下列 4 項目分類，必須向通信設備製造商要求此等數據以利參考。

- ●通信線─接地間(圖5.10.2 ①的電壓)
- ●通信線間(圖5.10.2 ②的電壓)
- ●回路相互間或輸入/輸出間(圖5.10.2 ③的電壓)
- ●電力線－通信線間(圖5.10.2 ④的電壓)

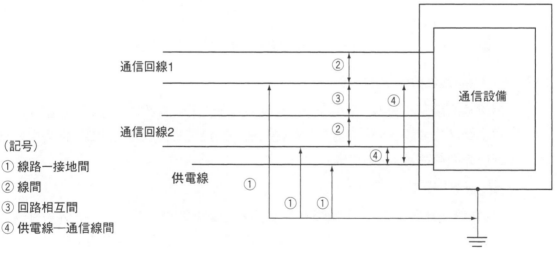

圖 5.10.2 通信設備的耐電壓分類

a . 通信線─接地間耐電壓

通信設備的通信線路端子與接地端子間的耐電壓，一般大多設計為DC500V 1分鐘、交流電力端子與接地端子間的耐電壓為ACl500V 1分鐘。此等1分鐘耐電壓設計與製作為脈衝耐電壓器具在時間上相互比較時，因脈衝的時間非常短，所以脈衝耐電壓設計值約為1分鐘耐電壓值的2～3倍。

但是依照通信設備種類，於通信線路側的單線或者線路接地(SG：Signal Ground)有直接接地的設置情形。這個時候，通信線路端子與接地端子間的耐電壓相同於線間耐電壓狀態。一般使用電子元件的器具大都約為10V～100V程度的耐電壓，在選擇合適的SPD時必須注意。

並且為了遮斷流通於通信回路的過電流，也有使用熔絲、電阻熔絲的例子，由於此等元件的破損以致無法保持通信機能，因此有必要考慮對於熔絲、電阻熔絲的雷脈衝溶斷性能設計。

b. 通信線間耐電壓

依照通信器具的種類不同，在通信線路兩端子的線間耐電壓有很大的區別。從前電話機繼電器繞線、接點等的脈衝耐電壓約有2～3kV程度，於使用電晶體、IC等的電子元件等器具的情形下，其脈衝耐電壓大都為10V～100V程度，雖然不至於損壞，在低的突波電壓時，通信裝置也會發生卡住(動不了)的情形。因此於脈衝耐電壓性能時，在確認低耐電壓的評價上是相當重要的。

c. 通信回路相互間、I/O間的耐電壓

通信回路相互間或者輸出/輸入間的耐電壓與線間耐電壓同樣的分類為絕緣直流耐電壓500V以上及在回路的直接接續脈衝耐電壓10V～100V。

d. 電力線－通信線間耐電壓

電力線－通信線間耐電壓值大於通信線－接地間耐電壓值。

2) 被保護設備(通信設備)的性能與SPD選定

通信設備的雷突波保護，使用SPD的選定，與通信設備信號線、電源回路動作電壓等規格條件有關連。SPD的選定，對於平常時與雷突波侵入時的SPD特性有必要充分的檢討後選定。

a. 平常時

由氣體放電管(GDT)、金屬氧化物變阻器等突波防護元件及端子、外殼等構成的SPD(保安器)，裝設於通信/信號回路。雖然SPD為雷防護之用，於平常時不會動作，但因置入的SPD使回路電阻增加，或多或少增加了傳輸的損失等，而影響傳輸品質。

因此SPD選定時，為避免通信障礙，對於下列①～⑧項目的特性容許值等必須與通信裝置的製造廠、網路管理者確認後，施行選定工作。

① 信號基準
② 絕緣電阻
③ 靜電容量
④ 插入損失(Insertion loss)
⑤ 回流損失(Return loss)

⑥ 縱平衡 (longitudinal balance)

⑦ 位元誤差率(數位信號的場合)

⑧ 近端漏話(Near end crosstalk)

b . 施加雷突波時

通信設備由雷突波致使發生破損，係因超過容許值的雷突波電流流入信號連接回路/線路部分，使得絕緣部分受到破壞，信號線斷線及回路元件破壞。

一般使用的通信線為一對線(2線)，雷突波以同相位同一電壓加入於2 線間。加入的電壓大於通信設備的耐電壓時，則在耐電壓低的部分產生絕緣破壞，且過電流在雷突波路徑的流通部分將產生破損。同時由於供電電壓的過電流在絕緣破壞部分也會有發生燒毀現象。任何1線與接地間的絕緣產生破壞時，瞬時間也發生了線間電壓，使得線間耐電壓低的通信設備也發生絕緣破損。

因此產生雷突波時，SPD迅速動作，使抑制的雷突波電壓遠低於通信設備的耐電壓，以確實保護通信設備及安裝者安全的必要。為此針對SPD的選定時，需與製造廠確認被保護裝置對接地間、線間、線路間等耐電壓，如圖5.10.2所示。選定遠低於設備耐電壓的SPD。($U_p < U_w$)

c . 雷突波消失後

雷突波消失後，SPD 不需要特別的操作也必須能自動的復歸至平常狀態。因而SPD 必須能承受雷突波電流充分流通的電流容量，且SPD有必要能承受長壽命的反覆動作。

雷突波電壓、電流在大幅超出預測值的時候，SPD的一部分會有破損、劣化、消耗的情形，此時得施行簡易的部品置換後，以保持自動的復歸機能狀態。

5.10.3 依通信/信號用SPD接續位置選定SPD

1) 通信/信號用SPD的規格決定設置場所

根據JIS C 5381-22雷防護區域內容所示，電源埠、資訊技術/通信埠以及雷防護區域、設備的構成例，如圖5.10.3。本圖表示的LPZ 3有資訊技術裝置，分別 j , k , 1雷防護區域設置SPD，省略了電源用SPD雷電流的標示。

第五章

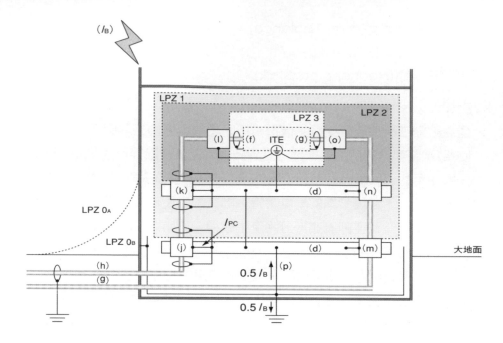

(d)　　　雷防護區域(LPZ)界限的等電位搭接板(EBB)

(f)　　　資訊技術或通信埠

(g)　　　電源埠或電源線

(h)　　　資訊技術或通信線路或網路線

I_{PC}　　　雷電流部分的雷突波電流

I_B　　　直擊雷電流。通過不同結合路徑於建築物內部引起的雷電流I_{PC}。

(j)(k)(l) 如表5.10.1標示SPD

(m)(n)(o)依據JIS C 5381-1 Class I 試驗，Class II 試驗及Class III 試驗的SPD

(p)　　　接地導體

LPZ 0_A...3　　　依據JIS C 0367-1雷防護區域0_A…3

圖 5.10.3 雷防護概念的構成例

2) 通信／信號用SPD的接續場所基本原則

為了保護通信/信號設備的通信回路部，如圖5.10.4所示，於通信設備的通信線接續部使用具充分防護性能的SPD 2以保護通信設備。同時若建築物有可能遭受直擊雷時，對建築物的通信線引進口推測流通的電流以設置具有充分電流耐量的SPD 1。

儘管於建築物通信線引進口採用具充分防護性能的SPD 1以保護通信設備，然而，SPD1與通信設備間的距離在10m以上的時候，當SPD 1動作時，使跨接在通信設備的通信線接續部與接地端子間產生的最大電壓為SPD 2動作電壓的2倍之故，因此於通信設備的通信線接續部有使用SPD 2的必要性。

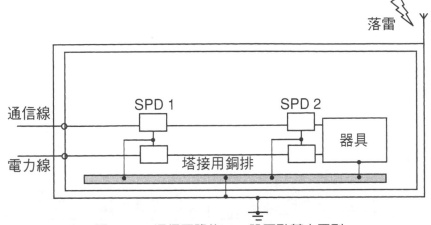

圖 5.10.4 通信回路的SPD設置點基本原則

3) 電話用(通信)SPD的選定

電話用SPD大致區別如以下3種類。

a. 自通信業者的線路至建築物引進口的SPD設置

第五章

圖 5.10.5 SPD A的用戶端保安器，通常為通信業者為了保護用戶端的端末設備而設置的。本章節對用戶端保安器(SPD A)的部分不加以說明，此屬於通信業者的責任區分點。

b. 線路側、主裝置(PBX)前的SPD設置

圖 5.10.5 SPD 1為在主裝置(小型交換機)前設置的雷擊防護器，即一般所謂電話用SPD。引進線路為光纖纜線時不需要在此位置設置SPD，但在類比線路、ISDN線路的情形通常建議設置SPD。重要的是對於信號種別不同有必要加以選定適合的SPD。

類比線路需考慮包含日常的直流供電電壓、呼出信號電壓及常時感應電壓等以決定最大連續使用電壓，對地間電壓與線間電壓未達最大連續電壓以上則使用良好，ISDN線路以DC 60V供電(60V+5%＝63V)，不會發生90V以上的最大連續使用電壓，用戶端自ISDN線路變更為類比線路時，其最大連續使用電壓的適用是一體的。關於脈衝耐久性波形的選定，以直擊雷分流種類D1為例，依使用回路數(外線)突波電流於分流時、推測突波電流/(回路數× 2：心線數)以算出波高值。

c. 主裝置(PBX)至端末設備側的SPD設置

圖5.10.5大多不使用SPD 2，但建議於大型工廠中內線需延伸至別棟建築物時仍需設置SPD 2。特別是接續FAX等使用時，其商用電源接地位置不同，導致雷突波電流侵入。選定SPD時，在最大連續使用電壓的選定範圍內儘可能選定低的Up值。

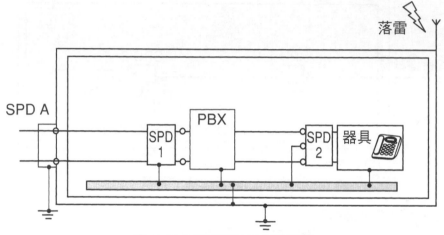

圖 5.10.5 電話用SPD的設置點

4) LAN/計測信號用SPD

在區域網路(LAN)使用的SPD形態，有彙總中繼器、路由器等使用的控制面板方式SPD與在各個端末裝置(PC)單獨使用SPD。主要性能最好選用參照本項5.10.3 6)，工事標準規格書的SPD。

計測用SPD以DC24V的信號電壓為多數，於決定最大連續使用電壓時，不可考慮設備的下限信號電壓作為選定基準。又電壓防護基準Up的選定，儘可能採用低的Up值。通常此類型的SPD為多段防護，在線路中有串接電阻，因此確保額定電流，並考慮具有電壓防護基準的傳輸特性為選定的要點。試驗波形的選定及脈衝耐久性的選定亦同為選定要點。

圖5.10.6為信號用SPD設置適用例，採用SPD 1。

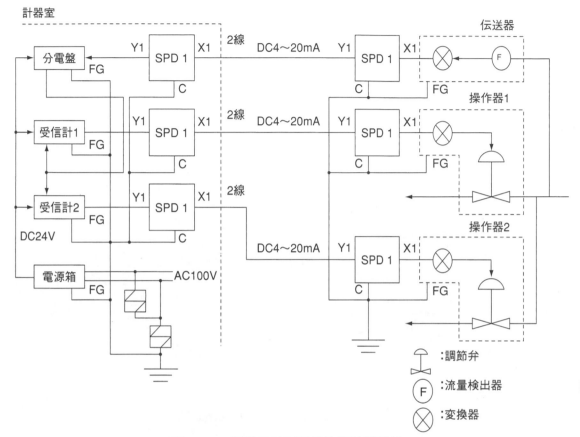

圖 5.10.6 信號用計測設備的雷防護系統

5) 既設監視攝影系統/火災警報系統用SPD

既設監視攝影系統SPD適用例如圖5.10.7所示。通常監視攝影的信號線接續為BNC連接器，使用同軸電纜專用SPD。同軸用SPD為處理影視信號、高速信號用的雷擊防護器，符合多項的傳輸特性，所選定的SPD不會對傳輸造成障礙。監視攝影用SPD的要求性能如表5.10.3所示施工標準規範書中記載內容。

屋外設置監視攝影機的SPD選定，必須考慮LPZ 0的雷防護區域。又信號線引進至建築物內，將信號線置入鋼管內時，有需要檢討直擊雷防護的必要性。並且對引進建築物內信號線用SPD的選定，也有必要考慮規定的雷防護區域。

第五章

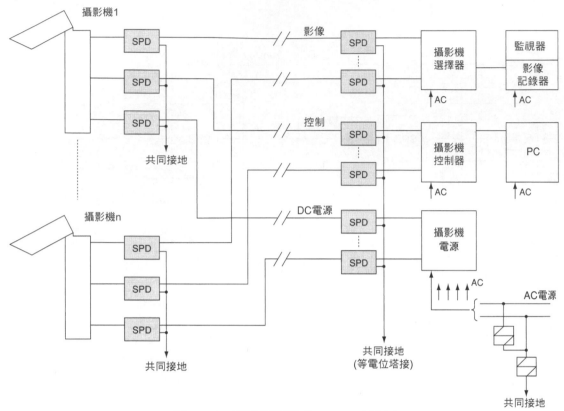

圖 5.10.7 既設攝影機用ＳＰＤ設置例

表 5.10.3 於施工標準規範書中監視攝影用SPD的要求規格

用途 項目	擴音器用	電視信號用 (天線接收式)	監視攝影用 (電源重疊式)	監視攝影用 (ITV)	火災警報設備感知器用
最大連續使用電壓	AC110V以上	DC 30V以上		DC 3V以上	DC 27V以上
額定電流	10mA 以上		200mA 以上	100mA 以上	
使用頻率	10kHZ 以下	2.15GHZ 以下	10MHZ以下	10MHZ 以下	10kHZ 以下
插入損失	1.5dB 以下				
脈衝耐久性	2kA 以上				
電壓防護基準	1500V以下	1000V以下	500V 以下		

6) 火災警報器用SPD的選定

火災警報設備的雷防護系統如圖5.10.8所示。受信機信號側SPD 1要兼具耐脈衝電流性能及電壓防護基準，採用多段防護回路的SPD選定基準。為了達成電壓限制元件的動作協調，於多段(二段)防護SPD串聯電阻或者感抗。插入的電阻等，有必要特別注意會使信號水平降低。

第五章

火災警報設備的信號資料是藉由各信號線L與共用線C來傳輸的。為防止雷突波侵入信號線或者電源線與通過受信機內部，在信號線中的共用線C與電源線的接地點共通間接續SPD 2是很重要的。在感知器側使用的SPD 3如前記4)同樣，為了多段防護回路儘可能選定較低的電壓防護基準值。

感知器側使用的SPD 4作為共用線與接地極接續時的絕緣用途。又，此信號線用SPD的要求規格如表5.10.3所示，若設備方面有其他的規格要求時，悉依據表5.10.3所示。

考慮SPD 2作為平常時與接地分離之用途而選定間隙式SPD(Gap type)。

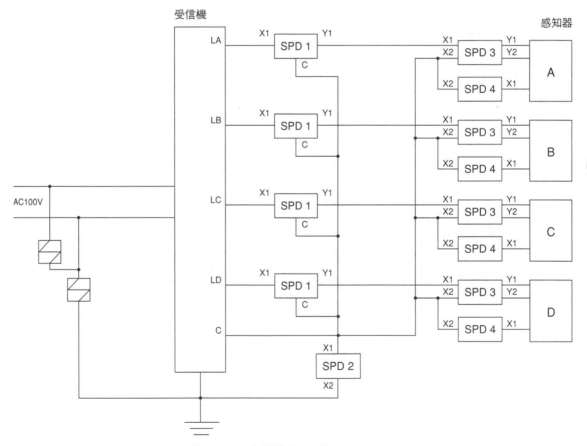

圖 5.10.8 火災警報設備SPD設置例

7) 通信用SPD主要設計條件與SPD選定流程

① 設置SPD的需要性與否：ICTE等防護對策的必要性，考慮過電壓/過電流侵入的可能性與考慮ICTE等故障時對於經濟面影響，並判斷設置SPD的需要性與否。

② SPD設置場所：一般設置於上記①過電壓/過電流侵入點的入口處附近。安裝於

端子板/MDF(主配線架)等設置點近傍較為簡易，也可設置於SPD專用箱體內。
又考慮雷防護區域後選定適切的位置作為設置場所。

③ 通信線路種別：有通信/數據線路各式各樣種類，適用信號線的種類(同軸、
對絞線等)、傳輸特性的考慮事項、有無電源重疊(最大連續使用電壓及額定電
流)、考慮雷防護區域中合計的信號線數，決定流通於SPD雷突波電流。通常感
應性結合的雷突波電流值可依據表5.10.4的值使用，電阻性結合的雷突波電流
值以同表的值除以信號線數來決定電流。

④ 電壓防護基準：考慮被保護裝置的耐電壓，選定適切的電壓防護基準值。

⑤ 其他：於通信防護用SPD，也有將電流遮斷機構串接於線路使用的情形。因此
在雷防護設計上需要事先判斷適用線路用途的可否。

其次，SPD選定流程如圖5.10.9所示，選定時依照環境要求，信號種別等基本事項
來決定。依據本流程圖所示雷保護區域，以決定規定的試驗波形。計算電壓/電流波高
值。

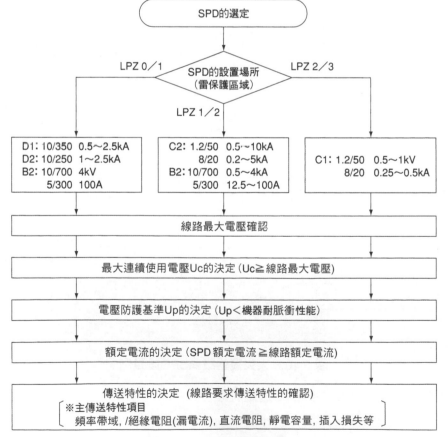

圖 5.10.9 SPD選定流程

備註：考慮在電話線路接續SPD時選定種類B2。

8) 製品規格與SPD選定方法

從公共建築施工標準規範書(簡稱施工標準規範書)電機設備施工編的通信/資訊設備施工通信用SPD所摘錄出如表5.10.4所示。

施工標準規範書裏記載的項目，e)最大連續使用電壓 f)額定電流 1)傳輸特性(使用頻率區域、插入損失) j)脈衝耐久性 g)電壓防護基準。(各項目英文字母記號對照JIS C5381-21的項目記號)按照各規定項目的要求值選定即可，不明的部分項目可對照JIS規格的規定。

表 5.10.4 公共建築施工標準規範書 平成19年版 (電機設備施工編 摘錄)

1.4.5　通信用SPD

通信用SPD除了按照表列規格

同時依據JIS C 5381-21「通信及信號線路接續的SPD所要性能及試驗方法」。

(1)　通常時對通信及信號傳輸不可發生有任何障害的影響。

(2)　通信用SPD種類C（在脈衝耐久性試驗，施加最小電流波形8/20μs10次）

項目＼用途	一般電話線路/專用線	ISDN 線路/ADSL 線路	LAN 用(區域網路)	LAN用(PoE 方式)
最大連續使用電壓	DC170V 以上		DC5V 以上	DC48V以上
額定電流	85mA 以上		100mA 以上	330mA以上
使用頻率	3.4kHZ 以下	2MHZ 以下	100MHZ 以下	
插入損失	1.5dB以下		3dB 以下	
脈衝耐久性	2kA以上		100A 以上	
電壓防護基準	500V以下		600V 以下	

例如：關於傳輸特性適用JIS C5381-22附錄D表5.4.12 乙太網路(100BaseT)的規定值。插入損失，依照JIS C5381-21規範6.2.3.2項的試驗方式，特性電阻Z0為100Ω。在使用頻率區域內(100MHz以內)，插入損失要求特性為3dB以下。

其他，脈衝耐久性的記載為脈衝波形、波高值，此點需與製造廠確認，或者依照JIS C5381-21以確認規範的必要。

LAN用性能要求以外，在施工標準規範書所記載的要求規範中，特別要注意的事情，最好是選定符合適用系統用的電壓防護基準值。

目前決定此電壓防護基準值的最佳方式是徵求器具製造廠、SPD製造廠等的意見。

5.10.4 通信／信號用SPD的協調及其他裝置的突波協調

通信／信號線用SPD的回路協調，單依靠一種電壓防護元件所構成的SPD時，是無法完成的。為了在大電流耐量與低動作電壓組合元件機構中有良好的傳輸特性，通常以氣體放電管及各種半導體元件與達成動作協調的電阻等組合而成。為彌補各個構成元件缺點的設計構成，表5.10.5列出主要電壓限制元件的優缺點。

表 5.10.5 電壓限制元件主要優缺點

型式	電壓限制元件	優 點	缺 點
電壓開關形	氣體放電管（GDT）	・具有大電流耐量 ・靜電容量小 　→高頻領域的傳輸特性佳 ・動作後的維持電壓低 　（弧光放電領域）	・動作開始時電壓取決於脈衝波形的電壓上昇速度（比較高） ・需妥適的選取續流遮斷電壓、電流
	突波防護閘流體（TSS）	・與脈衝波形的電壓上昇速度無關高速響應（高速響應）	・不如GDT具有大電流耐量 ・需妥適的選取續流遮斷電流（保持電流）
電壓箝制形	金屬氧化物變阻器(MOV)	・最大連續使用電壓以下時，不需考慮續流遮斷 ・動作開始時電壓與脈衝波形的電壓上昇速度無關(高速響應)	・具有大電流耐量，必須增大元件體積反而增加了靜電容量
	Avalanche Breakdown Diode（ABD）	・動作開始時電壓與脈衝波形的電壓上昇速度無關(高速響應)	・電流耐量小

代表性的協調回路例與動作機構如下列圖示。

1) 對地間低耐壓端末器具的保護例

對地間低耐壓端末器具的保護例，如圖5.10.10所示。

SPD由３極氣體放電管(1個)與金屬氧化物變阻器(2個)、及去耦元件電阻(2個)所構成。

第五章

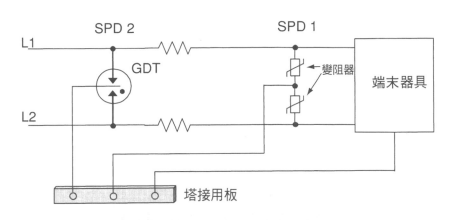

圖 5.10.10 GDT與MOV協調回路例

　　雷突波自信號側侵入時，端末側所測得雷突波電壓波形如圖 5.10.11 所示，明顯表示SPD可抑制低的限制電壓，僅以同種氣體放電管構成SPD時的端末側雷突波電壓波形如圖 5.10.12 所示。下列兩圖的波形為在同一測定條件所測得低限制電壓180V。

　　並且所施加波形為複合波形1.2/50 μs、4kV(8/20 μs、2kA)。此動作電壓(峰值電壓)的差別在於雷突波上昇電壓速度的不同而異，雷突波電壓增大時動作電壓增高。

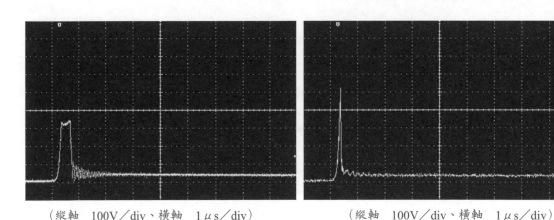

（縱軸　100V／div、橫軸　1μs／div）　　　　　（縱軸　100V／div、橫軸　1μs／div）

圖 5.10.11 協調電路的雷突波動作波形　　　**圖 5.10.12 單獨GDT的雷突波動作波形**

圖 5.10.10 協調回路的動作原理過程說明如下：

① 自信號線(L1,L2)侵入的雷突波，其電位若上昇達到SPD 1的動作電壓時，SPD1動作後的雷突波電流將通過SPD 1放流至接地(搭接用銅板)。

② 當雷突波電流×電阻值的乘積於電阻點發生電壓降時，此電壓與SPD 1箝制電壓的總和，使SPD 2 (GDT)達到動作電壓時，SPD 2(GDT)開始動作。

③ GDT開始動作後，大部分(約100%)的雷突波電流通過SPD 2放流至接地。

按照上述的動作過程取得SPD協調後，可期待得到有如下的效果。

- 設置於回路前段的GDT可承受較大的電流耐量
- 動作電壓(限制電壓)與設置於回路後段的MOV限制電壓相同。因此於更大的雷突波電流侵入時，與單獨的MOV比較下，通過MOV的電流很小，而使MOV的限制電壓降低。(MOV的V-I特性曲線得知通過電流的差別)
- 靜電容量大小與回路後段的MOV有關，由於大的雷突波電流不會流過MOV，因此可使用體積小的MOV元件，以確保良好的傳輸特性。

但是，為了達成協調回路，會增加佈置於回路的元件數，除了增加成本，同時也使線路電阻上昇。因此有必要考慮此協調回路的設計盲點及於專門檢討時需要留意的事項。

備註：所謂的盲點，於上述的架構下，在大的雷突波電流時，雖電流×電阻值乘積＋MOV的箝制電壓可使MOV-GDT達成協調回路，但當無法達成 GDT的動作電壓時、MOV及電阻會因電流區域而發生破損的問題。

2) 其他的協調回路例

其他的協調回路例如下圖5.10.13所示。

- 有必要抑制線間電壓為低電壓的情形時

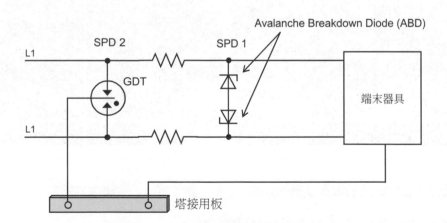

圖 5.10.13 降低線間電壓的協調回路例

另外為同時能抑制對地間電壓與線間電壓，組合圖 5.10.10 與圖5.10.13 的協調回路設計也是可能的。

3) 端末器具與SPD的協調

作為被保護設備的端末器具協調，一般於端末器具內藏SPD作為協調，且於端末器具內串聯熔絲等方式，也可與前段回路設置的SPD達成協調回路。

詳細掌握在端末器具內藏的電壓限制元件、電流限制元件的特性，且與回路前段的去耦元件合併考慮SPD的設計是有其必要的。

5.11 裝設SPD時應注意事項

SPD選定時，了解所發生雷突波的大小與被保護器具的脈衝耐電壓是很重要的。本節對感應雷的雷防護具體方法及對直擊雷SPD選定方法，串聯器具內含SPD的方式、SPD施工時的配線工程留意事項等說明如下；

1) 串聯器具的選定

JIS C 5381-12推薦由SPD製造廠指定的防護元件(後衛斷路器F)與SPD串聯設置。選定後衛斷路器時下列幾點為應注意事項。

ａ. SPD設置於漏電斷路器負載側的情形(圖 5.11.1)

- 雷突波在SPD流通時，因漏電斷路器很容易就動作，最好使用具有耐脈衝不動作型漏電斷路器。
- SPD的絕緣劣化時，漏電斷路器會動作，熔絲僅作為維護時回路的開閉機能。

ｂ. SPD設置於漏電斷路器電源側的情形(圖 5.11.2)

- SPD於短路故障時能確實與系統分離。且對商用電流有充分的遮斷能力。
- SPD電源側設有MCCB且小於熔絲的動作電流時，MCCB會先動作，熔絲僅作為維護時回路的開閉機能。

(a) 三相3線

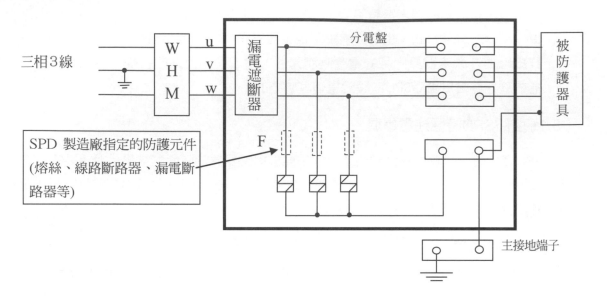

(b) 單相3線

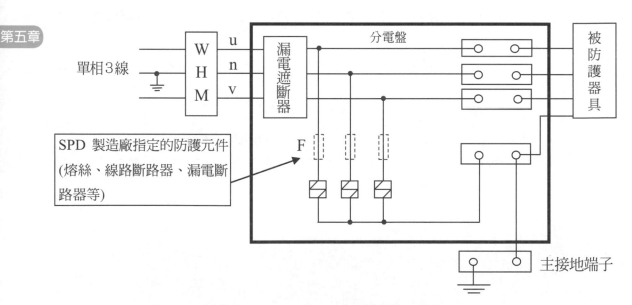

圖 5.11.1 漏電斷路器負載側設置SPD例

(a)三相3線

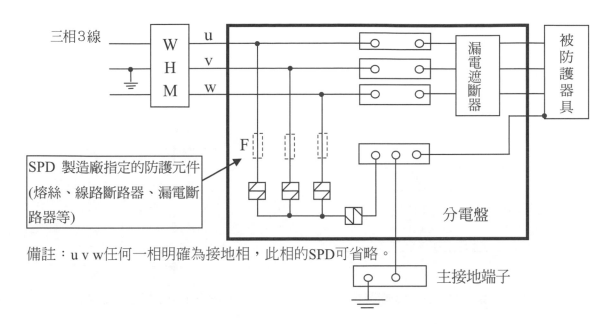

備註：uvw任何一相明確為接地相，此相的SPD可省略。

(b) 單相3線

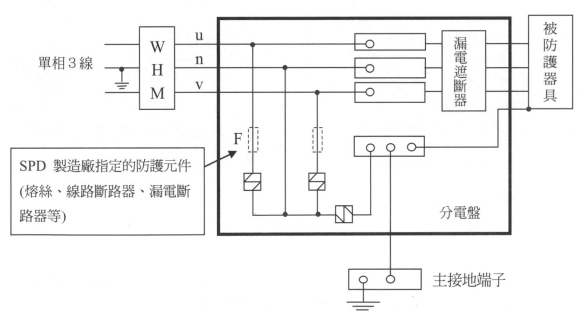

圖 5.11.2 漏電斷路器電源側設置SPD例

2) 關於正確配線方法

正確的配線方法與不適當的配線方法如以下的例示。

圖 5.11.3、圖 5.11.4、圖 5.11.5 為正確的配線例。由於充電側(火線)的配線與接地線相當接近,而減少配線的感抗,如圖5.11.4為適當的配線方法。

圖 5.11.5 SPD的接地端子接續至接地極,SPD至接地線的上昇電位不跨接於被保護器具,可視為良好的配線方法。

圖 5.11.6 為不良配線方法的例子,此時 SPD至接地線的上昇電位與SPD限制電壓Up均跨接在被保護器具上,視為不良的配線方法。

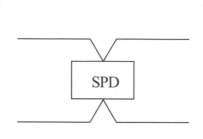

圖 5.11.3 適當配線例1

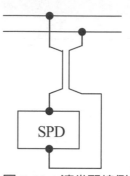

圖 5.11.4 適當配線例2

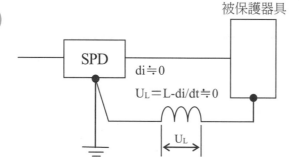

圖 5.11.5 適當配線例3

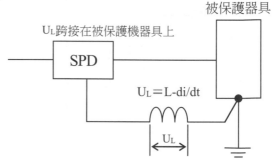

圖 5.11.6　不良配線例4

3) SPD接續線的線徑

SPD接續線的線徑,於IEC規範中規定有2種類,如下述 a .過電壓裝置的接地線規定。

但於實際應用上,SPD有 Class 區分的情況下,推薦採用IEC 62305-4:2006規格的區分方式,如下述 b. 所示各種SPD接地線的截面積尺寸。

表 5.11.1 **塔接用部件的最小截面積**(IEC 62305-4：2006 Table 1摘錄)

塔接用組件		材　料	截面積 mm²
塔接用板		Cu、Fe	50
塔接用板與接地系統或其他塔接用板的接續導體		Cu	14
		Al	22
		Fe	50
內部金屬設備與塔接用板的接續導體		Cu	5（5.5）
		Al	8
		Fe	16
SPD的接續導體	Class Ⅰ 試驗	Cu	5（5.5）
	Class Ⅱ 試驗		3（3.5）
	Class Ⅲ 試驗		1（1.2）
備註：使用其他材料時、最好使用具等價電阻的導體截面積。 （）內數值：日本通用電線尺寸			

a.過電壓裝置的接地線

JIS C 0364-5：2000(IEC 60354-5-534)「建築電氣設備　第5部電氣器具的選定與施工」第534節過電壓防護裝置534.2.10項接地線尺寸規定。

突波防護裝置的接地線:截面積4mm²以上銅線
雷防護系統LPS的接地線: 截面積16mm²以上

b.Class 別試驗的SPD接地線尺寸

IEC 62305-4：2006「建築物電氣／電子系統的雷防護」接地線尺寸規定。

Class 1 試驗 SPD	截面積5mm² 以上銅線
Class 2 試驗 SPD	截面積3mm² 以上銅線
Class 3 試驗 SPD	截面積1mm² 以上銅線

4) SPD接續線的長度

SPD接續電線長度越短時，得以抑制雷電流在流通電線部分所發生的電壓降。SPD至接地線所發生的電壓值，包括SPD的抑制電壓值(電壓防護基準Up)，因此減低電線所發生的電壓降，以實施具效果性的限制過電壓是必要的。所以JIS C 0364-5-53：2006規範推薦接續線長為0.5m以下。由於在接續線發生的電壓值與電線部分的電感(L)及突波電流上昇斜率有關，以指定規格電線尺寸計算時，一般約產生

第五章

1kV/m電壓降，此SPD接續至接地極的電壓是與SPD電壓防護基準值(Up)合計值。故於接續器具側發生的過電壓大於SPD限制電壓時，將因而無法保護器具。

對於施工重點，突波通過的接續線，在SPD與接地端子間以最短距離的盤內配線，不可與其他盤內配線一起敷設配線導管，且絕對嚴禁將此接地線在接地端子與SPD間整理為線圈狀。

因跨接在器具的突波電壓為SPD限制電壓(殘留電壓)與在接續導體所感應的電壓總和，故接續線導體有盡量縮短的必要。

又於1m長接續線的感感值(L)約為1μH，譬如流通於1m接續線長的5kA(8/20μs)脈衝電流時，在接續線上有0.6kV感應電壓(感應電壓UL＝L×di/dt)，因此推薦接地線的長度如圖5.11.7或者圖5.11.8所示。

如圖5.11.7所示，充電線側(火線)接續線長a與接地側長b的合計(a＋b)為0.5m以下。

如圖5.11.8所示，為a＋b無法小於0.5m的配線例。

兩圖中的 E 為保護器具，CB表示斷路器。

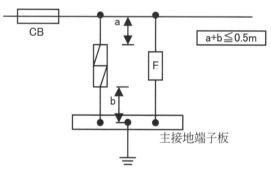

圖 5.11.7 接地線合計長小於0.5m時　　　**圖 5.11.8 接地線合計達不到小於0.5m時**

5.12 絕緣方式的選擇對策

　　一般為使不受外部影響，或者影響的波及對象小的方式，絕緣為具代表性的方法。

　　前述已說明過的對策，如磁場遮蔽層、減低電位差、接地與等電位搭接及形成雷防護區域等，並利用SPD，當高電壓加入而威脅到電氣／電子器具等耐電壓時，使SPD限制的電壓充分低於電氣／電子器具的耐電壓為主要對策。然而除此以外對策，能承受雷過電壓的絕緣方式也是耐電壓的考慮方法，此方法又稱為絕緣介面。換句話說，為了防護侵入電氣／電子器具的雷突波，使用絕緣變壓器與光纖電纜等絕緣方式，以防止高電壓對電氣／電子器具的耐壓產生威脅與破壞。

此絕緣方式適用在商用頻率區域，Class II 絕緣器具(例：二重絕緣)的採用，配線中絕緣變壓器、光纖纜線、光耦合等的方法。但是類似雷突波非常短時間脈衝狀波形的過電壓，因含高頻區域，所以對上述的對策，無法具有效果。

基於這個原因，一般稱為耐雷變壓器，也可作為高頻區域的電源回路及通信回路用雷突波絕緣使用。又光纖電纜雖可適合信號回路用的突波絕緣，同樣的耐雷變壓器也可作為絕緣用。

以上為絕緣方式的解說。

5.12.1 耐雷變壓器的原理

1) 與一般絕緣變壓器的比較

所謂耐雷變壓器是對雷突波施以絕緣的手段以保護器具設備，與一般絕緣變壓器比較，它為高耐電壓絕緣變壓器，在低壓電力用耐雷變壓器的1次側線卷與2次側線卷間設置有靜電遮蔽層。一般通稱此類形的變壓器為「耐雷變壓器」，亦可稱為含遮蔽〈Shield〉高脈衝耐電壓絕緣變壓器。於必要場所在此等耐雷變壓器的1次側接續SPD時，不但可作為被防護器具的雷突波防護，對耐雷變壓器本體亦可施以保護。市場上可提供耐脈衝電壓試驗波形1.2/50 μ s、10～30kV的耐雷變壓器。此類絕緣方式的耐雷變壓器屬於比較大型高價位的設備，在設定的過電壓範圍內確實具有一定防護功能，因此於可能發生強雷擊的無線中繼站、對有嚴格使用條件的設備防護、及對於重要線路的電源防護等是相當適合。

圖5.12.1為一般絕緣變壓器在結構與靜電容量的相關位置。C_1表示1次線卷與外殼間的靜電容量、C_2表示2次線卷與外殼間的靜電容量、C_{12}表示1次線卷與2次卷線間的靜電容量。

圖5.12.2為耐雷變壓器的結構與靜電容量的關係位置。耐雷變壓器的1次卷線與2次卷線間設置有遮蔽板〈Shield板〉，其特徵為 1次卷線與2次卷線間的靜電容量(C_{12})非常小。

第五章

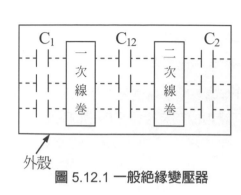

圖 5.12.1 一般絕緣變壓器

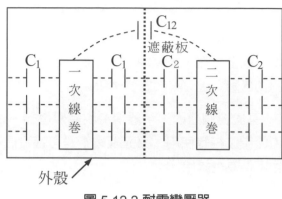

圖 5.12.2 耐雷變壓器

2) 突波電壓的移行

一般絕緣變壓器(圖5.12.1)及耐雷變壓器(圖5.12.2)，於1次側施加的突波電壓U_1至2次側的移行電壓U_2可由下式(式5.12.1)算出。

$$U_2 = \frac{C_{12}}{C_2 + C_{12}} \cdot U_1 \quad \dots\dots\dots\dots\dots\dots\dots\dots\dots\dots\dots\dots\dots\dots(式5.12.1)$$

一般絕緣變壓器的突波移行率約為50～90％，耐雷變壓器的突波移行率約為0.01～1％。

舉例說明 $C_1 = 500pF$、$C_2 = 1000pF$　$C_{12} = 5pF$的耐雷變壓器，於1次側施加U_1突波電壓時，2次側的移行突波電壓U_2

$U_2 = 5 / (1000 + 5) \times U_1 \fallingdotseq 0.005\ U_1$、突波移行率為0.5％

5.12.2 電力用耐雷變壓器

為防護侵入低壓電力線與電氣／電子器具的接地、通信線間的雷突波，並且保護電氣／電子器具的絕緣作為目的所使用絕緣變壓器裝置稱為耐雷變壓器。一般採用1次側：2次側間的卷數比為1：1，也可兼用220V：110V變壓目的。

對應雷突波的耐雷變壓器有感應雷對策用與直擊雷對策用的分類，也可設計成為直擊雷對策感應雷對策兼用的耐雷變壓器。

1) 耐雷變壓器的種類

依據雷突波的種類、保護性能等，各種耐雷變壓器，大致上有3種分類。

a. 絕緣方式

　　圖5.12.3示高耐電壓含遮蔽層絕緣變壓器，遮蔽板與器具接地接續，電力線側線間接續有SPD。耐雷變壓器的脈衝耐電壓，一般採用30kV。

b. 放流方式

　　圖5.12.4示高耐電壓付遮蔽層絕緣變壓器，遮蔽板與器具接地極接續，電力線與器具接地間及線間接續有SPD。

　　雷突波能量超過絕緣變壓器的脈衝耐電壓時會破壞絕緣變壓器絕緣的防護，於電力線與器具接地間及線間接續SPD。電力線與器具接地間一般以低電壓用數百V的SPD、電力線與脈衝耐電壓30kV絕緣變壓器間採用約20kV限制電壓的SPD。

c. 分離接地方式

　　圖5.12.5示高耐電壓付遮蔽層絕緣變壓器，遮蔽板與器具接地接續，電力線與分離接地間及線間接續低電壓用SPD。

　　自電力線側侵入的雷突波能量超過低電壓用SPD的動作電壓時，低電壓用SPD動作後，雷電流流至與器具接地分離的遠方接地，而使減低的異常電壓小於絕緣變壓器脈衝耐電壓。

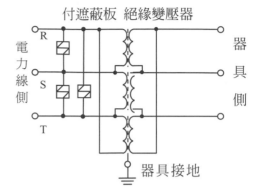

圖 5.12.3 絕緣方式耐雷變壓器電路

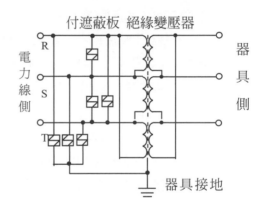

圖 5.12.4 放流方式耐雷變壓器電路

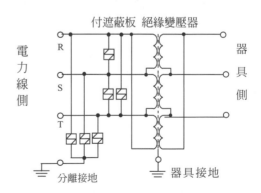

圖 5.12.5 分離接地方式耐雷變壓器電路

第五章

2) 依據雷突波的耐雷變壓器種類

發生在電子器具的雷突波，是由低壓電力線所感應的感應雷突波與落雷電流自接地流出的電阻結合雷突波。低壓電力線所感應的感應雷突波經驗值大部份不會超過30kV，在無線鐵塔、小規模建築物的落雷所產生的接地電位上昇推側值，遠超過30 kV。

a. 感應雷對策用

不考慮於一般建築物等的落雷，此對策是以低壓電力線所感應發生在電氣／電子器具的感應雷突波作為對象。考慮低壓電力線所感應的感應雷突波經驗值大部份不會超過30kV。

圖5.12.3所示回路構成，付遮蔽絕緣變壓器的電力線側端子與器具側端子及器具接地/遮蔽板端子間有脈衝耐電壓30kV的絕緣，另外圖5.12.5所示回路構成，付遮蔽板絕緣變壓器的電力線側端子、分離接地端子及器具側端子及器具接地/遮蔽板端子間有脈衝耐電壓30kV的絕緣時，自電力線侵入的雷突波不會發生在器具側，因此對電氣／電子器具的感應雷突波得以達成防護。

b. 直擊雷對策用

在無線鐵塔、小規模的建築物落雷時，流至接地的落雷電流所引起接地電位，與遠方接地比較，推測其接地電位遠超過30 kV。另外於引進口附近低壓配電線發生落雷時，推側自低壓配電線侵入的雷突波也遠超過30 kV。

因此在無線中繼站、小規模建築物的低壓電力線引進口，圖5.12.3及圖5.12.5所示的回路構成，縱然器具設備與耐電壓30kV的耐雷變壓器接續一起，推測耐雷變壓器的絕緣也會遭受破壞。

以圖5.12.4所示放流方式回路構成的耐雷變壓器來因應，此耐雷變壓器的構成中，不論在無線鐵塔、建築物的落雷，或是在引進口附近低壓配電線的落雷，所引起低壓配電線與無線鐵塔、建築物接地間的高電壓，皆因所接續SPD動作而限制了安全電壓，使耐雷變壓器及電氣／電子器具得以受到保護。

由於SPD動作時的雷防護，當SPD動作時的雷突波電流與SPD的配線、接地配線等因電感所發生的電壓也跨接於電氣／電子器具端，若以絕緣變壓器施以絕緣的話，而在配線、接地配線流通雷電流所發生電壓會被絕緣，則對電氣／電子器具的雷防護將更確實。

於建築物等引進口的受電盤設置Class I 試驗對應用SPD，各隔間分電盤設置Class II 試驗對應用SPD，電氣／電子器具的電力線接續部設置Class III 試驗對應用SPD時，對於Class I 試驗對應用的SPD與、Class II 試驗對應用的SPD、

Class III 試驗對應用的SPD間有必要施以能量協調。

若由器具設備的製造廠商於電氣／電子器具的電力線接續部設置SPD時,由於器具設備製造廠商大部份對SPD的性能不甚了解,以致對能量協調發生困難,而於低壓電力線引進口設置耐雷變壓器,由於絕緣變壓器中具有非常大電阻的去耦元件(decoupling element)作用,因此對Class I 試驗對應用的SPD、Class II 試驗對應用的SPD、Class III 試驗對應用的SPD間的能量協調需確實的諮商。

一般情形下,小規模的建築物為低壓受電,而大規模建築物為高壓或特別高壓受電。高壓或特別高壓受電時,因為受電變壓器擔任著絕緣任務,直擊雷對策用的耐雷變壓器不需要,必要時採用感應雷對策用的耐雷變壓器即可。

5.12.3 電力用耐雷變壓器的效果

含有SPD的耐雷變壓器,高保護效果例如下所示。

1) 保護協調確保

耐雷變壓器Class I 試驗用SPD(圖5.12.6之SPD A)於負載側使用狀態,於建築物落雷時、雷電流經由Class II 試驗用SPD(圖5.12.6之SPD 1)、Class III 試驗用SPD(圖5.12.6之SPD 2)的配電線流出的路徑(②、③)為絕緣狀態,故雷電流僅經由Class I 試驗用SPD的配電線流出(①)。

於屋內Class II 試驗用SPD、Class III 試驗用SPD只有流通感應雷突波電流,所以與Class I 試驗用SPD間保護協調沒有考慮的必要。

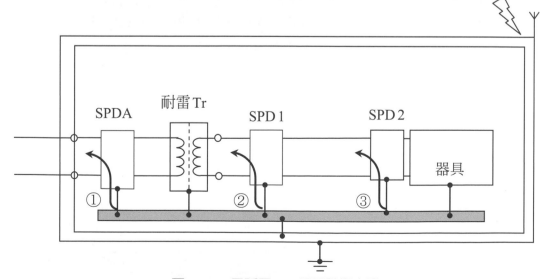

圖 5.12.6 電話用SPD設置點概念圖

2) SPD 與保護性能比較

a．SPD的動作

① 防護基準 U_P＝4kV時、設置器具耐電壓 U_W＜4kV。

因 U_P＞U_W 無法達成器具保護。

② SPD的接地線過長時

器具耐電壓 U_W＝4Kv，使用防護基準 U_P＝4kV SPD，接地線長時接地線的電感值1μH/m，雷突波1kA/μs，接地線壓降為1kV/m。

表面上電壓防護基準U_P

U_P＝4kV+1kV/m×2m ＝ 6kV

U_P≧U_W 無法達成器具保護。

被防護器具

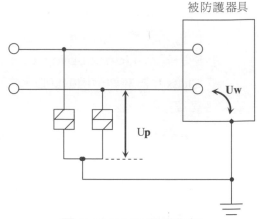

圖 5.12.7 SPD的動作例

b．耐雷變壓器的動作

如圖5.12.3所示耐雷變壓器，在電力側與器具設備間是藉由絕緣手法來保護器具，對器具端的突波移行率而言，僅以電壓加入耐雷變壓器。

例如侵入突波電壓 V1＝30kV時，至2次側的突波移行電壓如5.12.1項 U_2 ≒ 0.005U_1 ＝ 150 (V)

電力用器具耐電壓U_W，一般約4kV程度，U_2≦U_W，滿足保護器具的條件。

3) 直擊雷對應的耐雷變壓器的效果

保護耐雷變壓器用避雷器稱為高耐壓避雷器(例：放電開始電壓20kV)時，由於雷突波電流使接地電位上昇至20kV前，無逆流至系統。

可是於使用低電壓用SPD時，SPD的動作電壓一般為1kV程度，達到1kV程度時逆流開始。接地電位上昇，流入接地的雷電流大小與接地電阻有關，若使用耐雷變壓器時，大於雷擊電流前高耐壓避雷器不會動作(無逆流)，則系統對雷電流為絕緣狀態。

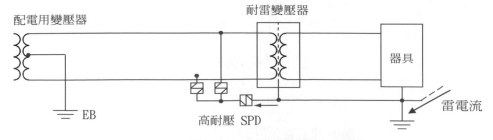

圖 5.12.8 直擊雷對應耐雷變壓器的效果

4) 感應障害的防止效果

圖5.12.9示分離接地，雷突波來襲時，器具與接地極間產生電位差使設備器具發生故障。為了防止此現象大多使用SPD，於SPD動作前，急峻的電位變化，又動作後的電位變動，因雷突波電流使設備器具產生感應障害而發生誤動作。

然而使用耐雷變壓器於分離接地間，可絕緣雷突波，防止器具設備的誤動作。

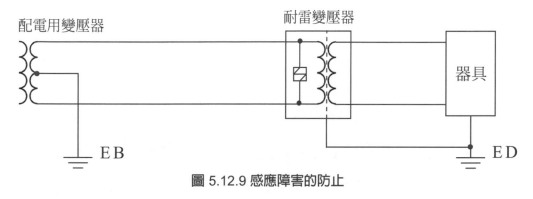

圖 5.12.9 感應障害的防止

5.12.4 通信用耐雷變壓器

通信/傳輸用等電子器具的雷防護與電力線雷防護相同，雷防護方法除了SPD以外，也有使用高耐電壓絕緣變壓器作為通信用耐雷變壓器的方法。

通信用耐雷變壓器比電力用耐雷變壓器較為小型，且在線路側繞線與器具側繞線間的靜電容量很小，因此兩者間沒有插入遮蔽層的必要，而此情形相當的多。

5.12.5 光纖電纜

雷害對策對於在市內所佈滿的電話用通信線路、工廠內及大樓內的通信/信號線路等是一項大的課題，一般使用用戶保安器作為突波防護對策。

從另一方面說，近年來跟隨採用光纖電纜的進展使傳輸線路高速化/大容量化，但採用的光纖電纜對LEMP一切無任何影響關係，而是為了圖謀完全絕緣，這樣的方法作為傳輸信號線路的雷防護對策是具有相當效果的。

然而於採用的光纖電纜其外被含有鋁箔層被覆，且因強度的問題，一般於纜線內施以補強的金屬製鋼線及pulling wire以作為架線用途；此情況下，採用光纜因補強的金屬製鋼線及pulling wire會感應雷突波，而對LEMP有所影響，經由此等金屬製線材使雷突波侵入設備內的事故案例也會發生。因此於使用此類光纖電纜時，有必要加以留意。

從雷防護的觀點而論，於使用光纖電纜時，最好能採用不含鋁箔層被覆及金屬製鋼線等的非金屬材質的光纜。

由於電氣信號轉變成光信號、光信號轉變成電氣信號等的變換裝置(光電轉換器)大多為低耐電壓的設備,對於在光電轉換器所接續的電力線、信號線侵入的雷突波防護有必要考慮到防護對策。

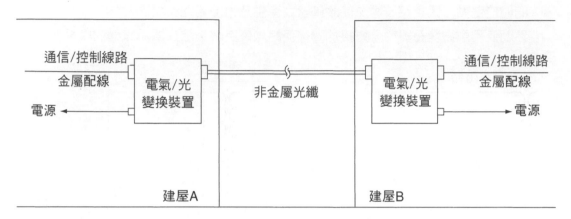

圖 5.12.10 非金屬光纖電纜安裝例

5.12.6 其他的絕緣方式

1) 繼電器(Relay)方式

使用繼電器接點作為傳送資訊的方式,也是屬於一種絕緣要領的雷防護。

但一般繼電器接點對於脈衝耐電壓能力只有數千伏程度,且愈小型的Relay其脈衝耐電壓也愈低。因此一般於控制/監視線的接續端子部接續SPD,將控制/監視器具的接地端子與SPD接地端子銜接,作為雷防護對策。

2) 光耦合(Photocoupler)方式

傳送信號時藉由電氣-光-電氣(光電轉換)信號的送/收信的一種絕緣要領的雷防護對策。

3) SSR

SSR為Solid State Relay的簡稱,屬於無可動接點式繼電器(又稱為無接點Relay),它是以半導體開閉元件或光耦合使輸入輸出間形成絕緣,此亦為一種絕緣要領的雷防護對策。

第**6**章

雷防護系統的檢查與維護

第6章 雷防護系統的檢查與維護

本章是為保護建築物所設置雷防護系統與保護建築物內設置的電氣/電子設備器具類為目的所使用SPD的檢查維護說明。

雷防護系統與SPD因使用目的及使用環境不同，參與技術者對此等檢查維護所追求的技能當然也不同。首先為外部雷防護系統與內部雷防護系統所構成雷防護系統的檢查維護，次為電氣/電子器具的雷防護用SPD(含內部雷防護系統於電力線及通信線與接地間所構成等電位塔接為目的所設置的SPD)的檢查維護說明。

6.1 雷防護系統的檢查維護

6.1.1 一般事項

雷防護系統以防護建築物雷擊為主要目的。於建築物的屋頂等所設置受雷部系統引接雷擊後，雷擊電流經引下導線至埋設的接地系統放流到地表下土壤。

然而構成系統大部分用料均裸露於被保護物外部，因周圍環境使漸漸腐蝕，同時因有無法預期外力所引起的損傷危險性。為了保持雷防護系統的信賴性，定期的施以檢查為基本的要件，任何一部分缺陷有可能導至無法維持系統全體機能，檢查的工作成為必要且不可欠缺的要項。

6.1.2 檢查維護的範圍

檢查雷防護系統主要是確認下列事項為目的。
① 符合雷防護系統原設計的確認。
② 雷防護系統的構成用料仍處於無腐蝕的良好狀態，符合設計機能。
③ 構造物的增建改建是否仍符合雷防護系統增設與接續要求。

6.1.3 檢查維護的週期

建物所有者及雷防護系統管理者，依據建物的重要度協議決定，檢查維護的週期及記錄的保存期間。一般的檢查維護週期為每年1次以上，檢查記錄至少保存3年。建築物增建改建後，同時確認建築物於落雷後，有必要施行臨時檢查。在嚴峻的氣候變化環境，腐蝕性環境的地域有必要，施以每半年1次的檢查維護。

6.1.4 定期檢查時的留意事項

為了維持雷防護系統的機能，經常監視系統全體機能是否處於良好狀態是必要的，檢查時對系統各部的斷線、腐蝕、接續等的確認，並核對有無不良點。

同時為確認接地系統的狀態，也必須留意接地電阻值的變化。

定期檢查項目依照6.1.5項表記項次於現場根據檢查維護記錄紙內容實施。

檢查時的注意事項：

① 腐蝕，破損等是阻害雷防護系統機能的要因，受到被保護物所在地區選擇條件、環境條件、用途等的影響相當大，且此等條件與訂定雷防護系統的檢查週期、檢查項目等有關，雷防護系統管理者須與建物所有者協議後決定。

② 在建築物屋頂等設置的受雷部系統，由於大氣污染引起腐蝕，經年接續部會有鬆弛及受到機械性損傷的危險性。因而於大氣污染危險地域或強風地域，受雷部有振動鬆弛的堪慮，應有必要增加檢查頻率。

③ 設置的接地系統因季節變動及漸漸腐蝕，使接地電阻值變動，有監視的必要。

④ 實際發生落雷後，不須等至下次的定期檢查，應儘速施以臨時檢查確認安全。

⑤ 於確認建築物的改修、修理等或者用途變更等，有必要施以檢查。此時須重新對雷防護系統評價，檢討系統改修處置的必要性。

⑥ 發現有異常、缺陷且認定有必要修理的時候，不可延遲修理。

6.1.5 檢查項目/檢查維護用紙

為使雷防護系統檢查維護容易實施，有必要使用檢查維護用紙。

此用紙形同檢查維護程序規則，可利用作為雷防護系統設置法的核對清單及各構成部品的核對清單。

為提高檢查維護的效率性，而具重複性程序，在整個檢查維護過程範圍內，對於指導檢查技術者而言充分的內容是相當重要。

以下為檢查項目及檢查維護用紙的例示。

第六章

1)檢查項目與確認方法

表 6.1.1 檢查維護項目與確認方法(2-1)

			檢查維護項目	確認方法
一般事項			1.防護基準的根據是否明確。	1.竣工圖的確認。 2.消防法指定數量的確認。 3.建築築的重要度、佈局條件等的確認。 4.有無增建改建的確認。
外部雷防護系統	受雷部系統	配置	1.受雷部的組成及配置是否適當。 2.防護基準與建築物高度的關係是否適當。 3.水平導體的設置位置是否適當。 4.角落突起部是否有追加受雷部。 5.20m以上高度的建築物是否確實受到防護	1.竣工圖的確認。 2.建築物/設備等的增設/修改確認。 3.目視的確認。
		構成材料	1.受雷部的尺寸/材質是否適當。 2.是否有考慮腐蝕/電蝕。 3.利用金屬體構成材料是否按照規定尺寸。 4.是否可確保電氣連續性。 5.接近金屬體的處理是否適當。	1.目視的確認。 2.必要時以尺規等量測確認。
		接續部及安裝	1.受雷部的安裝狀態。(腐蝕、損傷、螺絲/螺帽鎖緊程度、鬆弛、黏接的剝落等)。 2.接續部的狀態(腐蝕、接續的確實性等)。 3.防水處置。 4.有無異常音。	1.目視的確認。 2.確認螺絲/螺帽是否有鬆弛現象。 3.支持管安裝金屬零件等有擔心損傷時，施以記號確認。 4.搖動支持管確認是否有異常音。
	引下導線系統	配置	1.引下導線的形式是否適當（直接引下、利用構造體、金屬工作物代用）。 2.引下導線的平均間隔是否適當。 3.水平環狀導體的配置是否適當。	1.竣工圖的確認。 2.目視的確認。 3.必要時以捲尺等量測確認。
		構成材料	1.引下導線的尺寸/材質是否適當。 2.是否有考慮腐蝕/電蝕。 3.利用金屬體構成材料是否按照規定尺寸。 4.是否可確保電氣連續性。 5.接近金屬體的處理是否適當。	1目視的確認。 2.必要時以比例尺等量測確認。
		接續部及安裝	1.引下導線的安裝狀態。(腐蝕、損傷、螺絲/螺帽鎖緊程度、鬆弛、黏接的剝落等)。 2.試驗接續部的狀態。(腐蝕、接續的確實性，安裝狀態等) 3.防水處置。 4.引下導線的機械保護。	1.目視的確認。 2.確認螺絲/螺帽是否有鬆弛現象。

第六章

表 6.1.2 檢查維護項目與確認方法(2-2)

檢查維護項目			確認方法
外部雷防護系統	接地系統	配置	1.接地系統的型式是否適當。(A型/B型/利用構造體接地極) 2.埋設位置、深度表示是否適當。
			1.竣工圖的確認。 2.目視的確認。
		構成材料	1.接地極的尺寸/材質是否適當。 2.接地線的防護狀態。
			1.竣工圖的確認。 2.目視的確認。
		接地電阻值測量	1.接地電阻值測量。
			1.A型接地極的接地電阻值以交流電位差型接地電阻測試器測定。 2.以建築物地下構造體(混凝土基礎等)作爲接地極的利用時及使用B型接地極時、以電壓降法測定接地極的接地電阻值,並確認接地系統有效性。 或是測定基準接地極的接地電阻值以確認長年變化。 3.於前項1.2.的測定結果,若接地電阻值有大幅變化的情形,務必查明原因後施以必要的接地改善。
內部雷防護系統	等電位搭接		1.接續部的狀態。(腐蝕、鎖緊狀態等) 2.搭接用導體的狀態。(腐蝕、截面積等) 3.搭接用板的狀態。(腐蝕、端子鎖緊狀態、尺寸等) 4.SPD的狀態。(適當的SPD、外觀異常、故障表示、安裝狀態、配線狀態、端子鎖緊狀態等)
			1.目視的確認。 2.確認螺絲/螺帽是否有鬆弛現象。 3.確認SPD性能表示。
	安全間隔距離		1.間隔距離是否適當。(尺寸等)
			1.竣工圖的確認。 2.目視的確認。 3.必要時以捲尺等量測確認。

第六章

2)檢查維護表

表 6.1.3 雷防護系統檢查維護表(例)(3-1)

雷防護系統檢查維護 記錄表

建築物名稱		檢查時間	年　月　日 （　）
		天氣	
建築物地址			
檢查者			
建築物概要	○一般建築物　○危險物　建築物高度GL＋　m	防護基準	Ⅰ / Ⅱ / Ⅲ / Ⅳ
建築物構造 (柱)	○RC造　　○SRC造　　○S造　　○木造		

檢查項目			檢 查 內 容	判 定	備註：判定對象
一般事項	防護基準		1. 有無增建/改建的確認	良 否	
			2. 內容物的確認	良 否	
			3. 建築物重要度、環境條件等的確認	良 否	
外部雷保護系統	引雷部系統	配置	1. 保護範圍	良 否	
			2. 受雷部的位置	良 否	
			3. 角落突起部保護	良 否	
		構成部材	1. 材質	良 否	
			2. 尺寸/截面積	良 否	
			3. 電氣連續性	良 否	
			4. 腐蝕/ 電蝕	良 否	
		安裝/接續部	① 突針		
			1. 腐蝕	良 否	
			2. 損傷/折損/傾倒	良 否	
			3. 安裝狀態	良 否	
			② 突針/支持管		
			1. 腐蝕	良 否	
			2. 損傷/折損/傾倒	良 否	
			3. 有無異常音	良 否	
			③支持管安裝座/安裝金屬配件		
			1. 腐蝕	良 否	
			2. 損傷/龜裂	良 否	
			3. 螺絲/螺帽鎖緊	良 否	
			4. 防水處置	良 否	

第六章

表 6.1.4 雷防護系統檢查維護表(例)(3-2)

檢查項目			檢查內容	判 定	備註：判定對象
外部雷防護系統	受雷部系統	安裝/接續部	④水平導體／網目導體		
			1.　腐蝕	良　否	
			2.　損傷／龜裂	良　否	
			3.　鬆弛	良　否	
			⑤水平導體支持金屬配件		
			1.　腐食	良　否	
			2.　損傷	良　否	
			3.　安裝狀態	良　否	
			⑥架空水平導體		
			1.　腐蝕	良　否	
			2.　損傷	良　否	
			3.　鬆弛	良　否	
			4.　支線鎖緊狀態	良　否	
			⑦架空水平導體支線材		
			1.　腐蝕	良　否	
			2.　損傷	良　否	
			3.　安裝狀態	良　否	
			4.　鬆弛	良　否	
	引下導線系統	配置	1.　形式　　○直接引下　○利用構造材	良　否	
			2.　平均間隔、基準（Ⅰ／Ⅱ／Ⅲ／Ⅳ）	良　否	
			3.　水平環狀導體	良　否	
		構成材料	1.　材質	良　否	
			2.　尺寸/截面積	良　否	
			3.　電氣連續性	良　否	
			4.　腐蝕／電蝕	良　否	
			5.　保護管的安裝狀態	良　否	
		安裝/接續部	①支持金屬配件		
			1.　腐蝕	良　否	
			2.　損傷	良　否	
			3.　安裝狀態	良　否	
			4.　螺絲/螺帽鎖緊	良　否	
			5.　防水處置	良　否	
			②接續端子		
			1.　腐蝕	良　否	
			2.　損傷	良　否	
			3.　接續狀態	良　否	

表 6.1.5 雷防護系統檢查維護表(例)(3.3)

檢查項目			檢查內容	判 定	備註：判定對象
外部雷防護系統	引下導線系統	安裝／接續部	① 中繼端子箱		
			1． 腐蝕	良　否	
			2． 損傷	良　否	
			3． 安裝狀態	良　否	
			4． 接續狀態	良　否	
			② 試驗用接續端子箱		
			1． 腐蝕	良　否	
			2． 損傷	良　否	
			3． 安裝狀態	良　否	
			4． 接續狀態	良　否	
	接地系統	配置	1． 接地系統的型式是否適當	良　否	
			2． 埋設位置、深度表示	良　否	
		構成材料	1． 接地極的尺寸、材質是否適當	良　否	
			2． 接地線的保護狀態	良　否	
		接地電阻	接地電阻值測定		
			1． JIS A 4201：1992 適用建築物	良　否	
			2． JIS A 4201：2003 適用建築物	良　否	
內部雷防護系統	等電位搭接		① 接續部		
			1． 腐蝕	良　否	
			2． 損傷	良　否	
			3． 接續狀態	良　否	
			② 搭接用導體		
			1． 腐蝕	良　否	
			2． 損傷	良　否	
			3． 尺寸／截面積	良　否	
			③ 搭接用搭接板		
			1． 腐蝕	良　否	
			2． 損傷	良　否	
			3． 端子的鎖緊狀態	良　否	
			4． 尺寸	良　否	
			④ SPD		
			1． 安裝狀態	良　否	
			2． 有無外觀異常	良　否	
			3． 配線狀態（尺寸/長度等）	良　否	
			4． 接續端子的鎖緊狀態	良　否	
			5． 故障表示狀態	良　否	
	間隔距離	安全	1． 間隔距離確保	良　否	
			危險場所（有的話，記載改善提案）		
			記載		

3)接地抵抗值測定記錄書

表6.1.6　接地電阻值測定記錄書(例)

NO.	前次接地電阻值	本次接地電阻值	良/否	判定基準 JIS A 4201：1992
	（　　年　　月　　日）	（　　年　　月　　日）	良/否	・接地極的單獨接地電阻值 50Ω以下。
	Ω	Ω	良/否	
	Ω	Ω	良/否	・總接地電阻值 10Ω 以下。
	Ω	Ω	良/否	
	Ω	Ω	良/否	・利用構造體時 5Ω以下
	Ω	Ω	良/否	
	Ω	Ω	良/否	判定基準 JIS A 4201：2003
	Ω	Ω	良/否	
總接地電阻值	Ω	Ω	良/否	・確認引下導線與接續狀態及接地電阻值的長期變化。

・測定器	形式　　　　　　　型　精度	接續狀態	良/否
	製造號碼　　　　　號　動作原理		
	製造廠		

※ 檢查後應更正事項(位置等圖示)

※ 綜合判定

6.1.6　檢查維護的實例照片(參考)

雷防護系統構成各部的檢查維護要點實例照片。

1)受雷部：突針部的檢查

突針（主針）彎曲

原因研判：　1. 螺絲部分鬆弛
　　　　　　2. 外部力作用引起彎曲
　　　　　　3. 冬季雷的電荷量大，
　　　　　　　　因發熱作用的影響而產生。

建議對策：　1. 突針更換
　　　　　　2. 彎曲修正
　　　　　　3. 撤換及系統變更

照片6.1.1 受雷部：突針部的檢查實例(1)

2)受雷部：支持管的檢查

原因：　1. 腐蝕、老化引起的折損
　　　　2. 老化導致強度不足

支持管倒轉（折損）

對策：1.支持管撤去、更換
　　　 2. 水平導線方式變更

照片6.1.2 受雷部：支持管檢查實例(2)

3)受雷部：突針及支持管的檢查

突針脫落

支持管自然腐蝕
（生鏽）

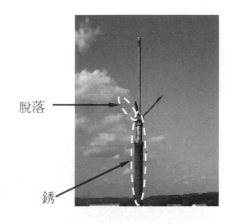

脫落

鏽

支持管自然腐蝕
（生鏽）

原因：1. 經年變化自然腐蝕
　　　2. 不測的外力致螺絲鬆弛。
　　　3. 冬季雷的電荷量大，
　　　　　因發熱作用的影響而產生。

對策：突針、支持管撤去、更換

照片6.1.3　受雷部：突針及支持管檢查實例(3)

4)受雷部檢查

a. 受雷部：導體支持金屬配件的檢查①

新設導體支持金屬配件

因落雷而破損的導體支持金屬配件(付混凝土座)

避雷導體

原因：　1. 經年變化
　　　　2. 外部衝擊

對策 ：　1. 支持金屬配件的形狀變更
　　　　2. 材質的變更

照片6.1.4　受雷部：導體支持金屬配件的檢查實例(4)

第六章

b. 受雷部：導線支持金屬配件的檢查②

導線支持金屬配件

樑上導體全體導線鬆弛，沒有受雷效果須要補修。

原因：鋼筋混凝土老化引起錨座固定不良

注意：建築物的混泥土強度降低時，
　　　有必要與建築物擔當者討論
　　　改修計畫。

對策：　1. 支持金屬配件　位置變更
　　　　2. 以接著劑再固定

照片6.1.5 受雷部：導體支持金屬配件檢查實例(5)

5)受雷部：導體接續部(銅管接續部)檢查

缺陷內容：銅管接續部脫落①　　　　　缺陷內容：銅管接續部脫落②

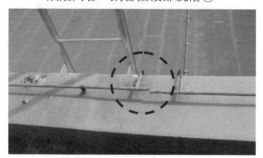

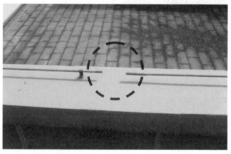

對策：接續部以鋼管用伸縮端子安裝、焊接接續

照片6.1.6 受雷部：導體接續部的檢查實例(6)

6)受雷部：導體接續部(伸縮端子/T型分歧端子)的檢查

缺陷內容：伸縮端子斷線

缺陷內容：
1. 螺絲部鬆弛
2. 長年變化使接續部劣化

對策：接續部以導體用伸縮端子或T型分歧端子焊接接續

照片6.1.7 導體接續部的缺陷例(7)

6.1.7 檢查維護照片攝影要領

於檢查維護時將缺陷部分以照片記錄留存，對雷防護系統全體的維護計畫立案工作是很重要資料，應正確整理每一件名並保存。關於攝影的留意事項如下所示。

1. 照片的案件名稱、標的場所、狀況說明等應明確記載於標示板後攝影。

2. 為利於檢查建築物的識別，儘可能攝影建築物全景。

3. 為利於了解缺陷點的相關位置關係，周圍也須攝影入鏡。

4. 為明白了解缺陷部分，最少有2方向的攝影。完全(詳細)與部分全體攝影。

5. 必要時，將尺寸表示器具等攝影入鏡。

6. 尺寸表示器具於攝影後必須能判讀。

7. 修正施工時，將修正前後於相同方向位置攝影以作為對比。

8. 會同檢查者在場時，攝影存證。

9. 將攝影照片編輯成冊，便於閱覽。

下列為保養前後的記錄照片

(保養前)　　　　　　　　　　　　　　　(保養後)

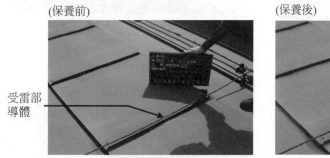 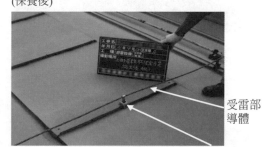

受雷部導體　　　　　　　　　　　　　　　　　　　　　　　　　受雷部導體

導體支持金屬配件不足　　　　　　　　　導體支持金屬配件新設

照片6.1.8 維護工程施工照片例(8)

6.1.8 接地電阻測試方法

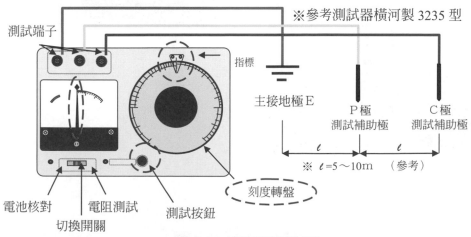

圖 6.1.1 接地電阻測試器

1)測試器使用方法

① 接地電阻測試器接續測試用纜線於各極測試端子

② 切換開關於「B」位置時，按下測試按鈕，「BATT」內的位置確認。

③ 切換開關於「Ω」位置時，按下測試按鈕，調整指針計位於「0」的位置。

④ 指針計位於「0」時，指標上所示刻度轉盤數值即為主接地極電阻值(Ω)。

2)測試程序

① 卸下端子箱面板。

　確認端子箱(硬質乙烯)的狀態是否良好

③ 使用扳手 卸下引下導線

④ 分離端子部分。

② 端子箱內部有無測試用端子 (P/C)

⑤ 測試引線接續測試用 P/C 極及主接地極 E。

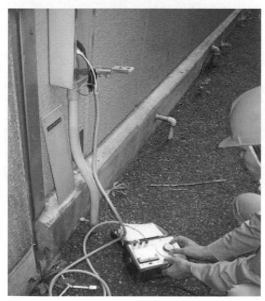

⑥ 測試器設定測試

※　無設置PC端子時，佈設電極棒。

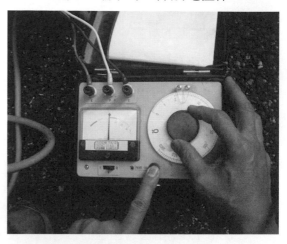

⑦ 轉動刻度轉盤，讀取電阻值（R=4.5Ω）

⑧ 與竣工時 2.0Ω 的記錄比較，
　 接地電阻上昇 2.5Ω 。

第六章

6.1.9 檢查維護的計畫/管理

1） 檢查維護的計畫

執行雷防護系統的檢查維護須具備專業知識，因此為了維持雷防護系統的機能，有必要依靠具有雷防護系統知識的專業技術者施以檢查工作。

維護計畫是為了將最近的結果與從前的記錄作比較，使檢查工作者可確實遵守具體的維護程序所預備檢查維護用紙(表6.1.3～表6.1.5)。

雷防護系統管理者對於遭致雷害時，儘速提出雷害報告書(表6.1.8)以尋求防止再度發生的處理對策。

報告書可作為起草各建築物檢查維護計畫時，加以活用的重要資料。

表6.1.8為雷害報告書的參考例。

2)檢查維護記錄的管理

雷防護系統檢查技術者的檢查結果，自當成為大樓所有者及雷防護系統管理者的管理記錄更正事項，又應對更正後的防止再發生措施施行報告。(更正前/更正後的照片、圖面)。

雷防護系統管理者對於報告內容相關的雷害報告書(表6.1.8)、檢查維護用紙(表6.1.3～表6.1.5)、接地電阻測定記錄書(表6.1.6)、防止再發生措施報告書(表6.1.7)等記錄的最少保存期間為3年。

為使雷防護系統檢查維護記錄有效的活用，應將維護程序檢討以及維護計畫更新作為方案，有效的活用。

第六章

3)防止再發生措施報告書(參考)

表6.1.7防止再發生措施報告書(例)

防止雷防護系統再發生措施報告書

雷防護系統管理者 企業名稱		年　　　月　　　日 報告者： 單　位：
對象建築物	名稱	
	地址	
更正場所	更正內容（含更正前／更正後照片）	更正結束日 年　　　月　　　日
※記入例	受雷部：導線支持金屬配件　新設更換20處（含照片）	2014年　12月　8日
※	用紙尺寸	

第六章

4)雷害報告書(參考)

表 6.1.8 雷害報告書(例)

雷害報告書　　　　　　報告日　　年　　月　　日

	項　　目	摘　　要　　　　　※該當事項：○ 圈選　　　　　　　　○ 其他記入
1	※落　雷　日　時	年　　月　　日　　時　　分
	※氣象狀況	
	※遭受落雷的建築物等	
	1.　名　稱	
	2.　所在地	
2	3.　周圍地形	①山間　　②平野　　③市街地　　④海岸沿線　　⑤河川沿線
	4.　建築物分類	①一般建築物　　②存取危險物建築物　　③其他
	〃　構造	①鋼骨造　　②鋼筋混凝土造　　③鋼骨鋼筋混凝土造　　④木造
	〃　規模	①地下　　層／地上　　層＝高度　　m ②寬　　m×深度　　m
	外部雷防護系統有無	
	1.　受雷部系統	①突針　②水平導體（屋頂導體）　③水平導體　　④網目導體
3	2.　引下導線系統	①利用構造體(鋼骨或鐵筋)　　　　②在外壁設置引下導線
	3.　接地系統	①A型接地極　　②B型接地極　　③利用構造體接地極
	4.　採用 JIS 規格年	①JIS A 4201 (2003)　②JIS A 4201 (1992)　③其他
4	電源種類	低壓引進：①單相　　②單相3線　　③3相3線　：④架空　　⑤地下
		高壓引進：　　　　　　　　V　　　　　　：①架空　　②地下
	SPD設置	※有設置　　　※未設置
5	通信線種類	①中華電信等　　②CATV　　　③光纖電纜　　④其他
	SPD的設置	※有設置　　　※未設置
A	落雷位置	①直擊雷(被害建物)　②近傍雷(建築物近傍約　　m)　③其他／不明
B	雷害概要	＊提供電源配線圖／通信關係配線圖／避雷設備／接地設備圖等
	記入例	1.屋頂 TV 共同視聽天線的頂部落雷破損，TV 及電腦電源部燒損。
		2.受雷部避雷針保護角內設置的屋頂冷卻塔馬達 2 台燒損。

以上報告內容。

報告者：........................

單　位：........................

6.2 SPD (雷突波防護器)的檢查維護

6.2.1 一般事項

本節主要是對建築物內電氣/電子器具等雷突波防護設備SPD的檢查維護相關說明。為使高度資訊化社會通往無障害機能，必須對電氣/電子器具防護由雷引起異常電壓電流突波，以維持資訊通信系統於完全的使用狀態。因此對於SPD的突波防護性能經常保持良好的狀態，施以SPD的檢查維護是一項重要課題。

6.2.2 SPD的動作特性與檢查週期

SPD大致分類為電源回路用與通信器具用。電源回路用SPD常時與供電線接續，跨接有電源電壓，與通信器具用SPD比較，須處理大的突波電流。對於通信器具用SPD是與通信纜線等接續使用，且因SPD對被保護器具也必須具備適合的防護性能與傳輸特性，故通信用SPD依性能形狀而有多種類區分。

SPD實施檢查維護計畫時，與SPD本身是否為電源回路用或通信回路用無關，重要的是充分理解各式樣的SPD規範而擬定檢查維護計畫後轉而實施才是。

SPD於雷突波等的異常過電壓過電流侵入時才動作，平常時是不會動作的，且是在高阻抗狀態。雷突波侵入時，SPD的動作特性將因突波電流的大小不同而受到影響。因此同一性能的SPD設置在不同雷環境中，SPD受到的影響也會有相當大的變化，所以應考量環境條件及設備的重要度以決定檢查維護週期。

定期檢查以每年1次，於固定時間實施，或於多雷前後時期實施，完全取決於適合條件與否。總之定期檢查對於雷防護是一件重要事項。

為避免建築物經常遭受落雷，使SPD逐漸劣化而破壞，導致被保護器具發生障害結果，因此臨時檢查成為必要工作。SPD的破壞型態分為短路及開路。短路時，電源及傳輸信號會出現異常，這種情形是很容易被發現的。但開路型態破壞時，因SPD的端子間處於高阻抗狀態，須藉由測試SPD本體的動作特性以判斷良否。

6.2.3 SPD的檢查種類

SPD的檢查維護通常有如下列的日常檢查、定期檢查、及臨時檢查等種類。

日常檢查：針對器具的外觀與周圍的狀況仔細觀察，據以判斷有無異常的檢查，特別對電源用活線動作狀態實施檢查。

定期檢查：目視檢查與部分使用測試儀器施以必要的量測檢查動作。對於檢查的時機可依照前項6.2.2所記載的方案予以選定。

臨時檢查：如前項6.2.2所述，當遭受落雷時，有使器具設備發生不順暢時，應施以臨時檢查，發生不順暢過於頻繁時，應即時著手調查原因。

6.2.4 電源回路用SPD的檢查

對於設置於分電盤的電源回路用SPD實施檢查，以目視方式對下列要點施以檢查。

① 確認SPD的故障表示。

② 確認SPD的外觀有無異常。

③ 確認熔絲/斷路器等保護器具的外觀有無異常。

④ 確認配線狀態及各接續端子部的接續狀態。

特別是在回路及器具設備等變更時，分電盤的外部配線狀態發生變更時，分電盤的接地端子是否以接地線確實接續至接地極的勘驗確認。

對SPD施以必要的量測檢查。

現場可以測試器對SPD的動作電壓施以量測，但一般均以備用品取代現用品，並帶回施以測試後出具報告書備查。

6.2.5　檢查及維護記錄紙

低壓電源回路用SPD的檢查及維護記錄紙例示如下：

表6.2.1　低壓電源回路用SPD的檢查及維護記錄紙

檢查及維護記錄紙（低壓電源回路用SPD）

建築物名稱			檢查時間	年　　　月　　　日
			天氣	
檢查對象 電源電壓等	單相　100V　　200V 三相　300V		檢查者 單位/姓名	
檢查對象 SPD 種類名稱				

檢查區分	採否	項　　　目	判定	記　　　事
A 目視檢查	●	A-1 SPD 故障表示狀態	良 / 否	
	●	A-2 SPD 外觀異常有無確認	良 / 否	
	●	A-3 保護器（熔絲/斷路器）外觀異常有無確認	良 / 否	
	●	A-4 SPD 等安裝狀態良否	良 / 否	
	●	A-5 SPD 等配線大小/長度/狀態良否	良 / 否	
	●	A-6 SPD 故障表示器安裝狀態良否	良 / 否	
	●	A-7 接續端子的接續良否	良 / 否	
B 量測試驗	●	B-1 電源電壓確認與 SPD 一次電壓確認	良 / 否	
	●	B-2 SPD 2 次側與接地線的導通試驗	良 / 否	
	●	B-3 SPD 保護器端子與 SPD 間導通試驗	良 / 否	
	●	B-4 SPD 製造廠指定的絕緣試驗	良 / 否	
	●	B-5 SPD 製造廠指定測試器的動作確認	良 / 否	
備　　註				

表6.2.2　通信回路用SPD的檢查及維護記錄紙

檢查及維護記錄紙（通信設備用 SPD）

建築物名稱		檢查日時		年　　　月　　　日	
建築物名稱		天氣			
檢查對象 通信設備 名稱		檢查者 單位 / 姓名			
檢查對象 SPD 名稱					
檢查區分	採否	項　　目	判定	記　　事	
a 目視檢查	●	a-1 SPD 周邊配線含外觀異常有無	良 / 否		
a 目視檢查	●	a-2 SPD 等安裝態良否	良 / 否		
a 目視檢查	●	a-3 SPD 等配線大小∕長度/ 配線狀態 良否	良 / 否		
a 目視檢查	●	a-4 各接續端子的接續良否	良 / 否		
b 量測試驗	●	b-1 SPD 製造廠測定器動作電壓試驗	良 / 否		
b 量測試驗	●	b-2 SPD 製造廠測定器傳輸特性試驗	良 / 否		
備 考	上表 b-1、b-2試驗時，將 SPD 自通信回路卸下施以量測。 　　b-2試驗送回 SPD 製造廠實施。				

第六章

185

6.3 檢查維護的相關法令

6.3.1 建築基準法

1)建築基準法(維持保全)

(內容略)。

2)建築基準法施行規則(建築設備等的定期報告)

(內容略)。

6.3.2 消防法

1)消防法

(內容略)。

2)危險物規制的相關政令

(內容略)。

3)危險物規制的相關規則

(內容略)。

6.3.4 火藥類取締法

1)火藥類取締法(定期自主檢查)

(內容略)。

2)火藥類取締法施行規則

(內容略)。

第 **7** 章

參考資料

第7章 參考資料

本設計指南之相關「參考資料」如下所示。

資料7.1 雷害對策工程費(投資成本)

資訊化社會進展伴隨著雷害增加傾向，防止雷害即對被保護物施以適切雷害對策，換句話說必須構築綜合性雷防護系統(Lightning Protection System)。

從投資成本：假設利益(雷害防止)的觀點作綜合說明。

7.1.1 雷害對策費(投資成本)

本項在「投資成本：假設利益(雷害額減低)」方面各個要素說明及提供判斷基準。

一般的「投資成本：假設利益」即為經營上判斷基準的一種。

近年人類對於環境的要求逐漸高度化，現在建築分野設計觀點上的投資成本分配如下述4個性能作為基礎。(參照圖7.1)

優先順序為　①安全性成本　②健康成本　③效率成本　④快適成本。

其最重要條件當屬於　①安全性成本，這包含"雷害對策"的實施。

倘若無法實施，②～④概念也就無從實現。

雷害對策(LPS)的設置即為投資成本。假設利益即為防止落雷引起人命死傷及器具破損等直接損失與業務停止等2次波及傷害。

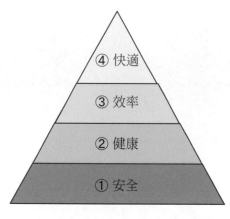

圖 7.1 投資成本的分配

7.1.2 外部雷防護系統工程費

雷害對策中「外部LPS」工程金額與建築工程金額及電氣設備工程金額的對照表如表7.1.所示。(提示資料：N設計事務所提供)

民間工程隨機抽樣的總計結果，案名及金額不公佈。

表 7.1 外部雷防護系統工程金額對照表

	建物規模	總面積m²	設備概要	**LPS÷建築 比**	**LPS÷電氣 比**
A 棟	地下 1 F／地上 16F	52,799	突針 2 基／接地極 6	0.058%	0.58%
B 棟	地下 1 F／地上 16F	23,389	〃　1 基／　〃　　4	0.037%	0.38%
C 棟	地下 1 F／地上 13F	14,365	〃　2 基／　〃　　4	0.043%	0.54%
D 棟	地下 1 F／地上 14F	14,582	〃　1 基／　〃　　4	0.057%	0.45%
E 棟	地下 1 F／地上 10F	4,783	〃　1 基／　〃　　2	0.049%	0.64%

備註：LPS：外部 LPS 工程金額　建築：建築工程金額　　電氣：電氣設備工程金額
　　※ LPS 設計所適用雷防護規格：JIS A 4201：1992 年版。

　　表7.1所示外部LPS工程金額平均值，建築工程金額的0.05%，電氣設備工程金額的0.5％。

　　表7.1所示為外部LPS工程金額，①對建物的建築投資金額所佔比率是非常的小。②建物內部電氣/電子器具類的雷害對策，也就是設備器具的雷突波保護系統金額是不包含於LPS工程金額內。因而多數的電氣/電子器具等設置於建築物等時，應與雷防護技術者商議，為保護電氣/電子器具設備等，需編列適切的雷突波對策費的預算。

7.1.3 內部器具雷防護系統工程費

　　在建物內部設置的電氣/電子器具類與通信/信號/資訊/控制關係等廣大分野的運用，使用器具種類也多種多樣，此等器具的雷突波耐量也無法統一。因而此等器具的雷防護對策，必須經整合各個條件後才能設計施工。

　　現代的電氣/電子器具幾乎已成為所有社會/經濟活動，也是日常生活領域廣泛使用的基盤器具。因此必須確實做好雷威脅的防護。

　　表7.2匯集了建物/工廠無設置綜合雷防護系統而遭受雷害的實例介紹。一般在遭受雷害的大損失後，才能體驗雷防護對策必要性的業主，大有人在。近來在作為確立企業永續經營計畫(BCP)的課題上，已受到相當成熟的重視程度，也就是說整備雷害對策以防患未然的觀點已經是企業經營的要項。

　　遭受雷害時，須承受的損失，不僅是被害器具的恢復費用，更有可能發生伴隨著在營業停止運作的莫大損失，故推薦設置適切的雷防護系統以避免風險。

第七章

表 7.2 電氣/電子器具的雷害與對策事例

	A公司事例	A公司事例	C公司事例
事業內容	物流中心	飼料製造廠	食品製造廠
1.雷害內容	落雷引起接單、出貨及 配送系統運作停止。多數網路器具破損。	落雷使飼料製造廠的運作停止。工廠裝置，網路器具破損：運送車重量測定裝置破損。	落雷引起網路破損，業務停止。網路裝置破損
2.損失概要	被害器具更換費用網路運作停止，配送業務停止的損失。※系統化作業業務被迫改為手動作業實施。企業單價異動大約數百萬程度的損失。(不含人員佈署管理費)	被害器具裝置的修理更換費用，工廠復舊前的生產損失。※生產線停止致製品供給停止。器具修理後製造排程延後發生預定外的加班作業，使製造單價成本提高，公司利潤損失。	被害器具裝置更換費用，網路停止伴隨著業務停止與損失。※系統化業務無法施行。公司內部電腦系統支援作業障礙，所造成不可估計的損失。
3.雷害對策 LPS設置	＊SPD 設置 LAN 回線用保安器 200 個 電源用保安器 200 個 電源用耐雷變壓器10 個 Modem用保安器 10 個 接地線工程(接地極既設)	＊SPD 設置 電源用保安器 5 個 LAN 回線用保安器 36個 ＊設置工程(客戶端施工)	＊SPD 設置 電源用保安器 22 個 LAN 用保安器 21 個 電源用耐雷變壓器 1 個 ＊設置工程(客戶端施工)
4.對策費用	保護器具金額≒5,500,000丹 設置工程費≒1,500,000丹	保護器具金額≒500,000丹	保護器具金額≒2,000,000丹

資料 7.2 雷防護相關法規與規格

7.2.1 雷防護相關法規

1) 建築基準法。(內容略)

2) 危險物規制相關規則。(內容略)

7.2.2 雷防護相關規格

JIS A 4201：2003 建築物的雷防護 (IEC 61024-1：1990)

　　適用建築物或者煙囪、塔、油槽等工作物的雷防護系統設計及施工相關規定。

JIS C 0367-1：2003 雷引起的電磁脈衝防護，第1部：基本的原則(IEC 61312-1：1995)

　　關於建築物內部或屋頂，為了資訊系統所規定的有效雷防護系統的設計、施工、檢查、維護及試驗。

JIS C 60364-1：2006 建築電氣設備—第 1 部：基本的原則、一般特性的評價及用語定義(IEC 60364-1)

　　電氣設備(住宅設施；業務設施；公共設施；工業用設施；農業用及園藝用設施；

預製建築物；宿營拖車及宿營拖車停車場或類似場所；建設現場、展覽場、文康場及其他暫定設備；小艇碼頭及休閒用舟艇)的相關規定。

　　—主要適用項目：131.6 過電壓保護

JIS C 60364-4-41：2006 建築電氣設備-第4-41部：安全防護-感電防護(IEC 60364-4-41)

　　應用適當的辦法施以感電防護。

　　—主要適用項目：413.1.2 等電位塔接

　　—解說 2.2 解說圖　間隙式SPD的設置

JIS C 60364-4-44：2006 建築電氣設備-第4-44部：安全保護-電壓妨害及電磁妨害的防護(IEC 60364-4-44)

　　經變電站高壓部分所供給的低壓系統中，在高壓系統發生有接地故障時，為了人體及低壓系統器具的安全防護，對電壓妨害及電磁妨害防護的相關規定。

　　—主要適用項目：443 大氣現象或是開閉引起的過電壓防護

JIS C 60364-5-53：2006 建築電氣設備-第5-53部：電氣器具選定及施工-斷路，開閉及控制(IEC 60364-5-53)

　　斷路，開閉及控制為一般要求事項，為了滿足此等機能，對於所施設裝置的選定以及施工要求事項的相關規定。

　　—主要適用項目：534 過電壓防護用裝置

JIS C 60364-5-54：2006 建築電氣設備-第5-54部：電氣器具的選定及施工-接地設備，保護導體及保護塔接導體(IEC 60364-5-54)

　　建築電氣設備有關電氣器具的選定及施工，為達成電氣設備的安全，對於接地設備、保護導體及保護塔接導體的相關規定。

JIS C 5381-1：2004 低壓配電系統接續突波防護器(SPD)的所要性能及試驗方法(IEC 61643-1：1998)

　　50/60Hz交流1000V以下或直流1500V以下的電源回路及器具接續突波防護器(SPD)所要性能、標準試驗方法及額定值的相關規定。

JIS C 5381-12：2004 低壓配電系統接續突波防護器(SPD)的選定及適用基準(IEC 61643-12：2002)

　　50/60Hz交流1000V以下或是直流1500V以下的電源回路及器具所接續突波防護器(SPD)的選定、動作、場所及協調原理的相關規定。

JIS C 5381-21：2004 通信及信號線路接續突波防護器(SPD)的所要性能及試驗方法(IEC 61643-21：2000)

　　交流1000V(有效值)以下或直流1500V以下標稱電壓的通信及信號線路接續突波防

護器(SPD)的所要性能，標準試驗方法的相關規定。

JIS C 5381-22：2007 於通信及信號線路接續突波防護器(SPD)的選定及適用基準(IEC 61643-22：2004)

在交流1000V(有效值)以下或直流1500V以下標稱電壓的通信及信號線路接續突波防護器(SPD)的選定及適用基準的相關規定。

JIS C 5381-311：2004 低壓突波防護器(SPD)用氣體放電管(GDT)(IEC 61643-311：2002)

在交流1000V以下或直流1500V以下的通信線路及信號線路中所使用氣體放電管(GDT)的相關規定。氣體放電管(GDT)是由陶瓷管所密封的氣體內以1個或是2個並聯間隙所構成的。

JIS C 5381-321：2004 低壓突波防護器(SPD)用Avalanche Breakdown Diode (ABD)的試驗方法(IEC 61643-321：2002)

低壓配電系統中於傳輸及信號線路接續突波防護器(SPD)的設計及構成用突波防護器用元件(SPDC)Avalanche Breakdown Diode (ABD)的試驗方法的相關規定。

JIS C 5381-331：2006 低壓突波防護器用金屬氧化物變阻器MOV(Metal Oxide Varister)的試驗方法(IEC 61643-331：2002)

交流1000V以下或直流1500V以下的電源線、通信線路或信號線路使用金屬氧化物變阻器MOV的試驗方法的相關規定。

JIS C 5381-341：2005 低壓突波防護器(SPD)用突波防護閘流體(Thyristor Surge Suppressor, Tss)的試驗方法(IEC 61643-341：2002)

抑制剪切(Clipping)及消弧電路(Crowbar)動作所引起的過電壓，如對突波電流分類所設計低壓突波防護器用突波防護閘流體(TSS)的試驗方法的相關規定。可作為突波防護器(SPD)的構成元件來使用，特別是適用於電氣通信領域。

JIS C 4608：1991高壓避雷器(屋內用)

JIS C 4620規定額定頻率50Hz及60Hz標稱電壓6.6kV的閉鎖式(Cubicle)高壓受電設備用，標稱放電電流2500A或是5000A的高壓避雷器的相關規定。

JIS C 61000-4-5：1999 電磁相容性(EMC)--第4部：試驗及測試技術--第5節：電磁相容性突波試驗

開關(Switching)及雷的暫態現象引起過電壓，於單方向性所發生的突波對電磁相容性(EMC)的要求事項，試驗方法及器具試驗標準範圍等相關內容。

並且定義不同環境及設置狀態下的幾種試驗標準。

TS C 0041：2005 風力發電系統-第24部：風車的雷防護

提供給風車的設計者、運轉者、認証機關及設置者等關於風車的雷防護最新資訊

所作成的規範。

JIS F 0303：1999 舟艇-電氣裝置-避雷

長度未滿24m的舟艇，裝設避雷裝置的設計、構造及設置相關要件的相關規定。

JIS W 2009：1978 航宇系統的電氣塔接及落雷防護

航宇系統的電氣搭接特性、適用及檢查方法(系統裝備中電氣、電子器具的安裝、及接續塔接。)與落雷防護的相關規定。

資料 7.3 金屬的腐蝕

由氧化還原反應使金屬的狀態發生變化稱為金屬的腐蝕，大致分為濕蝕與乾蝕兩種。濕蝕為電化學的反應所引起，由外部發生的漏電電流與異種金屬接觸/電解質接觸時的反應(形成局部電池)。乾蝕為空氣中的腐蝕性氣體所發生的腐蝕現象，如亞硫酸氣體、硫化氫氣體、氮氧化物氣體等。

7.3.1 不動態

於自然環境，銅合金、鋅合金等生成約1μm 厚度的氧化物層後停止成長，形成自己保護性膜後，就此使用。又多半採用在含氧水溶液中形成數nm的不動態皮膜，保有金屬光澤、形成耐蝕性的表面皮膜貴金屬合金、不銹鋼、鋁合金、鈦合金。

7.3.2 濕蝕

雷防護系統採用的金屬材料，有設置暴露於屋外潮濕環境中、埋設於土壤中，更有在過酷的環境情形下受到鹽害的影響。於此等環境下，因產生電化學反應使金屬腐蝕，又金屬的標準電極電位不同，腐蝕進行程度也不一樣。

又二種不同金屬接觸時，且處於電解質溶液狀態中，而形成電池回路促進腐蝕的程度。主要金屬的標準電極電位如表7.3.1所示，此異種金屬的標準電極電位差越大，促進腐蝕的程度越大，標準電極電位低的金屬為陽極，電位高的金屬為陰極，陽極的金屬離子於溶液中溶解，而合金類的不銹鋼，其標準電極電位與銀相近。

第七章

表 7.3.1 金屬標準電極電位

金屬名稱	電極		電位差(E/V)	金屬名稱	電極		電位差(E/V)
鎂	Mg	Mg++	-2.36	鎳	Ni	Ni++	-0.25
鋁	Al	Al+++	-1.66	錫	Sn	Sn++	-0.14
鈦	Ti	Ti++	-1.63	鉛	Pb	Pb++	-0.13
鋅	Zn	Zn++	-0.76	氫	H2	2H+	0.00
鉻	Cr	Cr+++	-0.74	銅	Cu	Cu++	0.34
鐵	Fe	Fe++	-0.44	銀	Ag	Ag+	0.80
鈷	Co	Co++	-0.28	金	Au	Au+++	1.50

7.3.3 腐蝕環境

腐蝕環境由材料與組合性決定，因無法完全顯現，以下列現象表示腐蝕環境區分。

(1) 潮濕空氣比乾燥空氣腐蝕性強

(2) 污染空氣比清淨空氣腐蝕性強

(3) 鹽類水溶液比清水腐蝕性強

(4) 酸性水溶液比鹼性水溶液腐蝕性強

考慮設備的設置環境，選擇適當材料，必要時對材料施行防蝕處理。

7.3.4 防蝕

依據設置環境的狀況，外部雷防護系統的結構部分有明顯腐蝕的憂慮時，對構成材料及接續部分必須施行防蝕對策。此類材料代表性的防蝕處理，如表7.3.2所示。

表 7.3.2 防蝕處理(例)

主要部材	母材	防蝕方法
突針	鐵	熱浸鍍鋅
	銅	鍍金、鍍鉻
	黃銅	鍍鉻
	鋁	陽極(Alumite)處理（※２）
支持管	鐵	熱浸鍍鋅
	鋁	陽極(Alumite)處理（※２）
導體支持金屬配件	鐵	熱浸鍍鋅
	黃銅	※１
	鋁	陽極(Alumite)處理
導體接續部	黃銅	※１
	銅	※１
	鋁	陽極(Alumite)處理（※２）

接續端子箱	端子部	黃銅	鍍鉻
		銅	鍍錫
		鋁	陽極(Alumite)處理及防蝕塗裝
	箱體	黃銅	白青銅(銅錫合金)電鍍
接地極		鐵	熱浸鍍鋅
		銅	鍍錫

備註：1：為了抑制腐蝕而施行電鍍時，且為防止濕蝕，須使用相同材質的接續。

　　　2：必要時施行防蝕塗裝。

　　　3：上記材質以外的材料，如不銹鋼、鈦等不須經電鍍處理且耐蝕性高的材質。

參考文獻

(1) 國立天文台編　理科年表　丸善株式會社

(2) 日本機械學會編　機械工學便覽　社團法人日本機械學會

(3) 日根文男著　腐蝕工學的概要　株式會社化學同人

資料 7.4 大地電阻率的量測方法與解析

7.4.1 大地電阻率的定義

不僅是應用於雷防護用接地系統，一般有固定尺度的接地電極埋設於土壤中時，其接地電阻與接地電極(接地棒)的形狀與大地電阻率(ρ：rho)有關。

所謂大地電阻率係指大地的固有電阻率(電流流通土壤時的難易程度)。判定的基準即單位體積$1.0 \mathrm{m}^3$的立方體的電阻值(埋設於土壤)，以電阻率ρ(Ωm)表示之。

7.4.2 大地電阻率的量測方法與解析

大地電阻率的量測方法有3電極法及Wenner4電極法，量測方法及解析計算式如下。

第七章

1)3電極法

適用：可以於埋設的接地電極附近以3電極法測量大地電阻率。

　　　主要是於GL面在比較淺層部分所埋設的Ａ型接地電極或環狀接地電極，以及網狀接地電極。

量測：使用棒狀電極，依據3電極法的量測及解析如下述。

　　　主電極(棒狀電極)埋設於土壤中，如下圖(圖7.4.1)。配置輔助電極P/C，以量測棒狀電極的接地電阻值(Ω)。

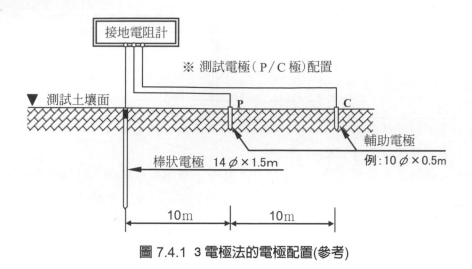

圖 7.4.1 3 電極法的電極配置(參考)

解析計算：棒狀電極的接地電阻計算公式：$R = \dfrac{\rho}{2\pi\ell}\ln\dfrac{4\ell}{d}$（Ω）

於此例，$\ell = 1.5$(m)，d＝0.014(m)，計算得到 $R = 0.643\rho$。

因此如果想求大地電阻率時應用下式求之。

$\rho = \dfrac{R}{0.643}$（Ω m）　　　R：接地電阻（Ω）

　　　　　　　　　　　　　　ρ：大地電阻率(Ω m)

備註：1. 上記計算 ρ＝R／0.643僅適用在埋設棒狀電極14φ×1.5m，1 支的情形。
　　　2. 上計算式依據JIS A 4201:1992解説。

2)Wenner 4電極法

適用：建設工程於動工前，須要知道在GL面地基土壤各深度的大地土壤電阻率的
　　　分佈，須於建物的深層部位埋設網狀接地電極，環狀接地極以及土壤與寬
　　　廣部分有接觸的構造體利用作為接地電極，其大地電阻率測定適用4電極
　　　法。

量測：　4電極法如圖7.4.2，以 G 點作為基準點，配合電極深度移動各 P / C 點位
　　　　置，來回測試。測試器使用大地比電阻測試器。

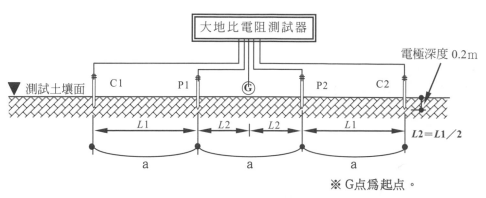

圖 7.4.2 4 電極法輔助電極配置圖(參考)

圖 7.4.2 的電極配置，主要為設定數點的電極間隔(a)，ＧＬ面至地基深度的範圍內(深度 a)＝1,2,4,6,8,10,15m～(例)測量任意深度各點的測試數據。測量後的數據(R)依照表 7.4.1 的條件，$\rho = 2\pi aR$ 計算式，計算各深度的大地電阻率 ρ (Ωm)。

表 7.4.1 測定記錄書(參考)

深度 a（m）	G點起的距離		R（Ω）	$\rho = 2\pi aR$（Ωm）
	C（L_1+L_2）	P（L_2）		
1	1.5	0.5		
4	6	2		
10	15	5		

又由計算所得到的 ρ 值係按照電極間隔 a 至一定深度的平均值，所以在掌握接地電極至連接深度 a 的電阻率(ρ)，有必要再加以Sundberg的標準曲線及Hummel的補助曲線深入解析。(參考圖7.4.3)

第七章

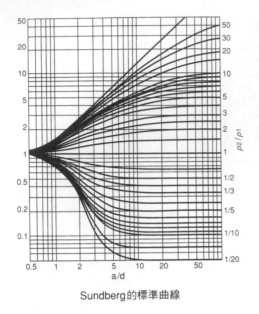

Sundberg 的標準曲線

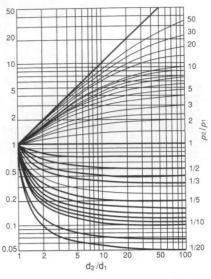

Hummel 的補助曲線

標準曲線 ρ_2/ρ_1 測定大地電阻率與第一層大地電阻率比

a/d電極間隔與地層深度比

補助曲線 ρ_2/ρ_1 等價單一層大地電阻率與第一層大地電阻率比

d_2/d_1 等價單一層深度與第一層深度比

※橫河電機 Type 3244 大地比電阻測定器説明書

圖 7.4.3 解析圖表

解析步驟：依據上述的量測結果，大地電阻率的解析步驟如下述(參考圖7.4.5)

ⅰ 量測所得數據，X軸代表電極間隔a，Y軸為大地電阻率 ρ 的雙對數表，如圖 7.4.4。

ⅱ 將測量所得曲線分為下降部與上昇部。

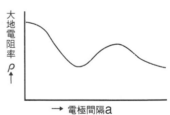

ⅲ 將實際量測所得曲線重疊在標準曲線上，上下左右 平行移動，試由許多標準曲線中找出ab的中央部 位最能符合標準曲線的一條曲線(點線Ⅰ)。

留存這時的標準曲線的($\rho/\rho_1=1$、$a/d_1=1$) 點為原點，令此點為O_1，O_1以 ρ 與 a 的單位讀值，此值就是深度d_1處的大地土壤電阻率 ρ_1。因為此標準曲線以 及實際量測的曲線均繪在對數座標上，所以可由此直接讀取實際值。由此標準 曲線上的 ρ_2/ρ_1 與 ρ_1 就可以計算出 ρ_2。

ⅳ 令O_1與輔助曲線的原點($\rho'_2/\rho_1=1$、$d_2/d_1=1$)重疊為同一點，並繪出與曲線Ⅰ 同樣得以讀出 ρ_2/ρ_1 值的曲線 (鎖狀線Ⅱ)。

ⅴ 再在標準曲線上令標準曲線的原點在曲線Ⅱ的線上滑動，且亦平行移動繪有量測值曲線的方格紙線上找出bc線段的中間部位接近標準曲線線段上的範圍 (點線 III)，並記錄此時的標準曲線的原點即點O_2，O_2以a，ρ的單位讀值，是第1層及第2層等價單一層的大地電阻率ρ'_2，與離地表深度d_2。這時對應標準曲線的ρ_2／ρ_1的是ρ_3/ρ'_2可由此值與ρ'_2求得ρ_3。

vi 以與④相同的步驟描寫ρ'_3/ρ_2與ρ_2/ρ_1相等的輔助曲線 (鎖狀線IV)。

vii 以與⑤相同的步驟得O_3，O_3是第1層至第3層的等價單一層大地電阻率ρ'_3，與離地表深度d_3。這時的標準曲線ρ_2/ρ_1可以對照ρ_3/ρ'_3，由此值與ρ'_3就可以求得ρ_4。如這些求得的大地電阻率，就可以判斷各層地質。

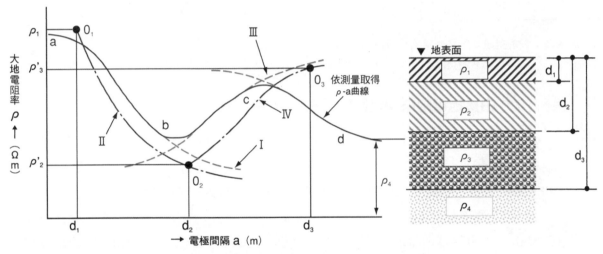

圖 7.4.5 解析過程圖表與地層的構造(參考例)

資料 7.5 關於 ZnO 變阻器的波形能量耐量比較[1]

表 7.5.1 所示為電流波形比較。於Class I 試驗所採用的電流波形(10/350μs)與Class II 試驗所採用的電流波形(8/20μs)為相同電流值的情形，當換算Class I 的試驗波尾長350μs及Class II 試驗的波尾長20μs並比較其電荷量時相差約25~30倍程度。

ZnO形SPD的耐量界限是決定於SPD能吸收的能量，以及通過的電荷量。

概略的吸收能量計算公式以E＝Q×Ea表示。

Q 表示通過電荷量(庫倫)、Ea表示通過電流時的限制電壓，而通過10/350μs的限制電流小於8/20μs的限制電流。通過限制電流時的限制電壓Ea，不同直徑的元件時其特性也相異(1/2~1/3)。因此吸收能量相同的情形時，比較其電流值約10~15倍，即電荷量差(30倍)/限制電壓差(2~3倍)＝10~15倍。依照表7.5.1元件直徑為30ϕ時為

13.5倍，40φ時為10.9倍。

Class Ⅱ 電流波形(8/20μs)SPD的電流必要為Class Ⅰ 電流波形(10/350μs)的11~13倍。

表7.5.1 不同電流波形時脈衝耐量的差異(實測值)

元件直徑		8/20μs		10/350μs		2ms	
		電流(kA)	能量(kJ)	電流(kA)	能量(kJ)	電流(kA)	能量(kJ)
φ20	①	16-18	0.35-0.4	0.7-0.9	0.4-0.5	0.65-0.7	0.35-0.4
	②	21.3	0.83	1.0	1.0	0.84	0.83
φ30	①	41-44	1.2-1.3	3-3.3	1.6-1.7	0.75-0.95	1.3-1.5
	②	13.5	0.76	1.0	1.0	0.27	0.88
φ40	①	60-66	1.7-1.9	5.6-6.0	2.2-2.6	1.0-1.2	1.4-1.6
	②	10.9	0.75	1.0	1.0	0.19	0.63

備註：1. 表列項目①容許脈衝電流kA值及容許能量kJ值(範圍)。
2. 表列項目②以電流波形10/350μs為基準時表示其他電流波形的比例。

資料7.6 由接地電阻來決定直擊雷電流分擔的理由

於IEC及JIS C 5381-12附錄1的備註1中，當落雷在建築物，忽略纜線等電抗(Reactance)部分的情形，僅可由接地電阻來計算雷電流分流值。關於這個理由介紹於IEC的文獻中，並記載於IEC TC81審議文書IEC 61312-3 的120-CDV中。

計算雷電流值所採用的基本回路如圖7.6.1所示。於三相4線式回路，注入10/350μs的直擊雷電流200kA時，可求得逆流至電力線側(變壓器側)的雷電流及流入建築物接地的雷電流。接地電阻以建築物的B種接地電阻30Ω計算。

計算結果如圖7.6.2及圖7.6.3所示。圖7.6.2為纜線長分別為50m、500m、1000m時的雷電流分流計算結果。圖7.6.2明白的顯示依照纜線長度的不同，電感(Inductance)成分也不同，使各種纜線長度的雷電流初期值產生不同變化。至於通過的電荷量(庫倫)由於波形變化(波尾長)很小，因此可視為受到由直流成分領域的影響也小。

圖7.6.3所示，於纜線500m長的情形，逆流至電力線電流I_{ET}與流至建築物接地電流IES,及流至各線路相電流I_{Phase}1、2、3與中性線電流$I_{Neutral}$。圖7.6.3曲線顯示結果，分流至各相線的電流大略是均等的。

因此，以電荷量決定SPD的設計時，依照接地電阻分擔，簡易的計算出SPD的耐雷電流是合理的。電流量平均流至各相線，或者說是電荷量(庫倫)被各相線SPD所吸收的能量是均等的。圖7.6.2曲線顯示在纜線為50m長時，流至建築物接地電流及變壓器接地電流(不論電流波形或電荷量)大約各以50％分流。又在無法計算各個接地電阻時，根據此份資料可推測出各50％的分流。

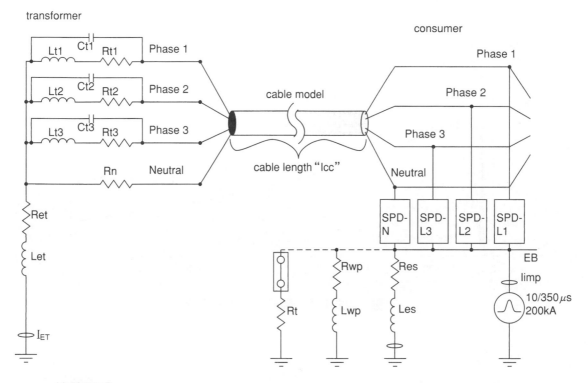

符號說明：

Lt1~3	：變壓器的電感	50μH
Rt1~3	：變壓器的電阻	5mΩ
Ct1~3	：變壓器的電容	2nF
Sn	：變壓器的容量	400kVA
Rn	：中性線的電阻	2mΩ
Let	：變壓器的接地電感	5μH
Ret	：變壓器的接地電阻	30Ω
Les	：建築物的接地電感	5μH
Res	：建築物的接地電阻	30Ω
Lwp、Rwp	：水管等的電感、電阻 (也有不存在的情形)	
Rt	：電話線的電阻	
EB	：等電位塔接	

圖 7.6.1 直擊雷電流的分流基本回路 (參照IEC 61312.3 8 1/120/CDV資料)

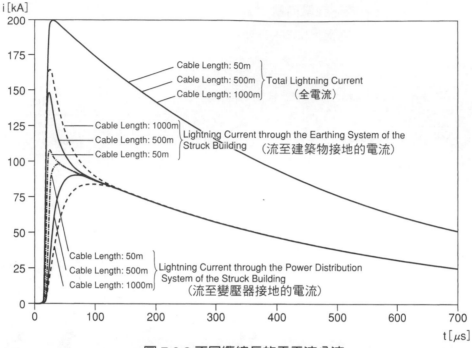

圖 7.6.2 不同纜線長的雷電流分流

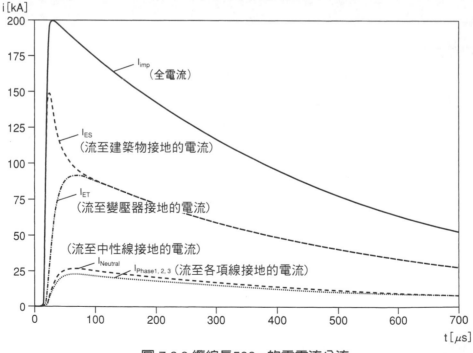

圖 7.6.3 纜線長500m的雷電流分流

第七章

資料 7.7 關於高層建築直擊雷時的突波電壓、電流形態

7.7.1 於各樓層分電盤發生的電壓[2]

　　圖7.7.1為5層建築在1F設置有供電配電箱，各樓層設有分電盤的供電模式。建物的寬、縱深均為20m，各樓層高度5m，柱間隔10m合計配置9根柱子，各柱為完全導體，建物的接地電阻假定為零。屋頂的受雷部遭受雷擊時，於各樓層分電盤所感應的電壓模擬結果如表7.7.1所示。

　　表7.7.1結果顯示最高層樓分電盤所感應的電壓14kV最高。中間層較低。由於雷電流流經最高層的樑所感應的電磁場大使得最高層產生的電壓最高。此為第1雷擊的10//350μs與雷電流的波頭斜率於遲緩條件所計算結果。其他計算例如於第9層樓分電盤感應電壓，在第1雷擊0.2V/A(100kA相當為20kV)、後續雷擊(0.25/100μs)為斜率大的條件下有數V/A(100kA時為數百kV)的感應電壓報告[3]。因此對於樓層分電盤有設置SPD以保護器具的必要性。

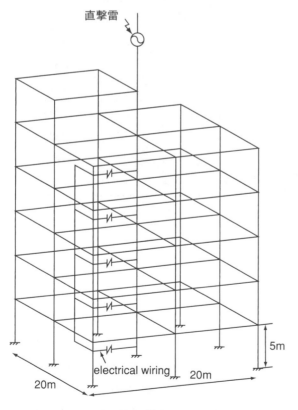

圖 7.7.1 建物流動的雷擊電流分流

直擊雷

electrical wiring

5m

20m

20m

表 7.7.1 分電盤感應的過電壓

	保護基準　Ⅳ 100kA 的場合	保護基準　Ⅰ 200kA 的場合
最頂樓	14kV	28kV
4 樓	7kV	14kV
3 樓	−2kV	−4kV
2 樓	−4kV	−8kV
1 樓	−9kV	−18kV

備註：100kA 的場合
　　　：波頭斜率 12kA/μs 算出
　　　200kA 的場合
　　　：波頭斜率 27kA/μs 算出

7.7.2 樓層分電盤用SPD的所要性能[(4)]

圖 7.7.2 為在相同條件下流入樓層分電盤用SPD電流的分流形態。箭頭所示即為電流流動方向及流入電力線方向，計算結果如表 7.7.2 所示。

依據計算結果，最上層有2.5%的電流經由SPD流入電力線，流入SPD(三線式)的電流為0.8kA(10/350μs)。因此有必要選取Class I SPD施以防護。至於其他樓層因無考慮直擊雷分流成分的必要，此處僅考慮設置Class II SPD(In＝5kA以上、Imax＝10kA以上)以防護開關突波及在構造體流動的雷擊電流所感應的電壓時，則已相當充分。

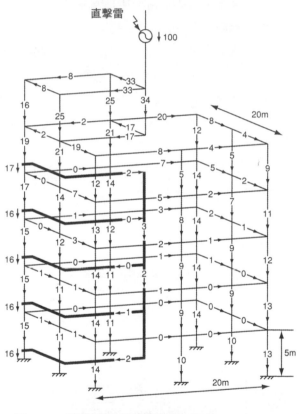

表 7.7.2 各層電力線雷擊電流分流比
(電氣設備學會全國大會 平成17年8月)

	5樓建物	9樓建物
最頂樓	2.3%	2.5%
下1層	0.4%	0.7%
下2層	−0.3%	0.1%
3層		−0.5%
2層	−0.8%	−0.8%
1層	−1.7%	−1.5%

圖 7.7.2 建物流動的雷擊電流分流

資料 7.8 弱電器具(信號、通信)的雷害對策(例)

依據雷害調查，近些年來於工廠中信號、通信等關聯器具的被害不斷的增加，被害的範圍程度始於自動火災警報設備、中央監視設備、電話、廣播設備、資訊設備、ITV設備、照明設備等。其中以配電方式區分被害程度的報告中，屬採用分離接地(TT接地)系統配電方式的受損為最嚴重。分離接地時，產生接地間的電位差為雷害原因。另外依據調查報告得知於弱電器具的情況，沒有施以雷害對策或不完善而受損的案例很多。

　　因被害案例多，以下介紹弱電器具的種種雷害對策案例以作為雷害對策施工時的
參考。

7.8.1 LAN 系統(區域網路系統)

《案例1》

　　LAN系統由於網狀網路配線的範圍寬廣，與火災警報器等相同，容易發生「接
地線間的電位差與信號線感應電壓」。

　　圖 7.8.1 雖於建物間的配線完全光纖化，但信號轉換器(Media converter)及集
線器(Hub)也有發生被害的案例。又完全光纖化纜線內金屬製的tension member因絕
緣處理不完全，雷突波經由tension member侵入器具設備而有發生破損的案例，其
雷害對策，在電源側設置耐雷變壓器及在LAN配線設置LAN用SPD，或者換裝具有完
全絕緣處理tension member的光纜。

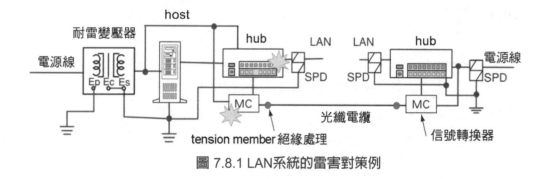

圖 7.8.1 LAN系統的雷害對策例

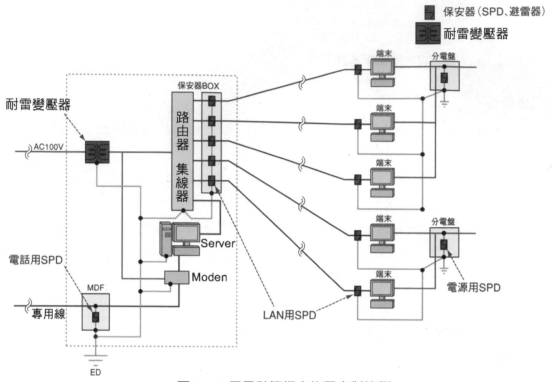

《案例2》

圖 7.8.2 電子計算機室的雷害對策例

《案例3》

圖7.8.3示幹線及各部署/各樓層均為對絞線乙太網路所構成LAN系統的雷害對策例。

選定SPD時應注意要點，對絞線乙太網路有10BASE-T、100BASE-TX、1000BASE-T等不同規格，因而有必要選擇適合規格的SPD。於系統、主幹線或是僅一部分樓層採用1000BASE-T，而其他採用100BASE-TX等時，有必要注意適用規格的SPD。

而對絞線乙太網路的各規格有上位互換性(backward compatibility)，基本上使用的SPD適用於1000BASE-T時，也適合10BASE-T、100BASE-TX，100BASE-TX適合10BASE-T的使用情形很多。(建議使用時，先取得SPD製造廠的確認)。

又對絞線乙太網路對於PoE(Power/over/Ethernet：於通信線路末端的電力重疊方式)雖已標準化，同樣於採用PoE系統使用SPD時，有必要與SPD製造廠確認使用可能性。

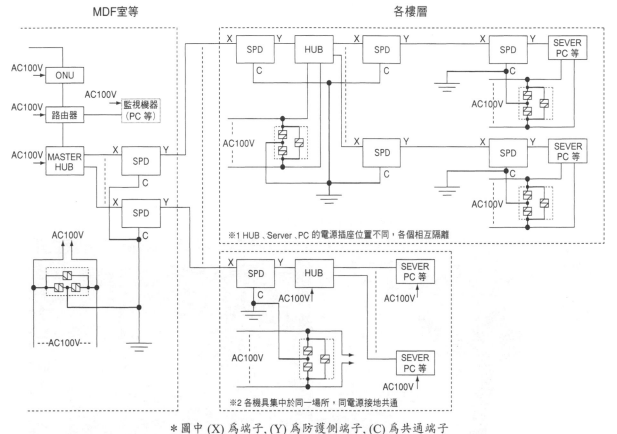

＊圖中 (X) 為端子, (Y) 為防護側端子, (C) 為共通端子

備註：本圖LAN系統使用對絞電纜。LAN系統除了使用對絞電纜外，也可使用同軸電纜或光纖電纜。

圖 7.8.3 LAN(對絞線)的雷防護實施例

7.8.2 監視攝影設備

《案例1》

由於防犯意識的提高，最近於各個地方設置監視攝影設備越來越多。

監視攝影機大都設置於屋外比較高的地方，也有監視攝影機用的電源與信號線共用的類型，且由於光纖化絕緣相當麻煩的原因，此等為易於受到雷突波而引起被害的設備。

至於雷害對策，可設置適合電源及合乎信號線種別的SPD，且雷突波感應後直接影響監視攝影機的，依據情況於監視攝影機本體與支架間與以絕緣化，在控制盤側施以一點接地作為對策是具有效果的。圖7.8.4、圖7.8.5所示為對策案例。

其他的案例(2~4)如圖7.8.6~8所示。

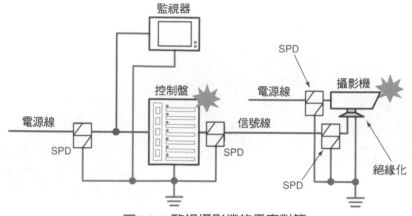

圖7.8.4 監視攝影機的雷害對策

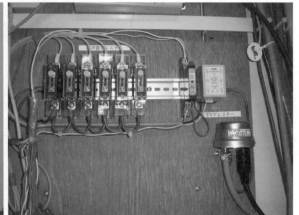

圖 7.8.5 監視攝影機與SPD設置例

《案例2》

監視攝影機的雷害對策(以同軸纜線傳輸時)

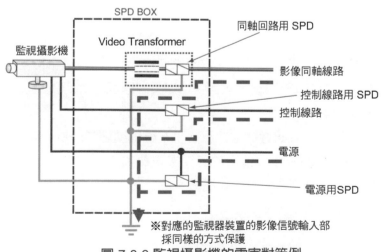

※對應的監視器裝置的影像信號輸入部
採同樣的方式保護

圖 7.8.6 監視攝影機的雷害對策例

監視攝影機監視器裝置的雷害對策(以同軸纜線傳輸時)

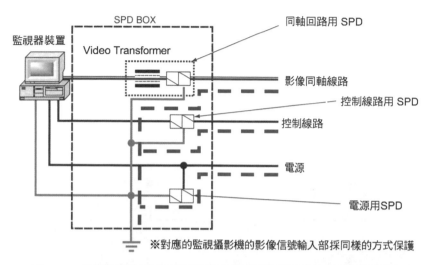

圖 7.8.7 監視攝影機監視器裝置的雷害對策例(以同軸纜線傳輸時)

《案例3》

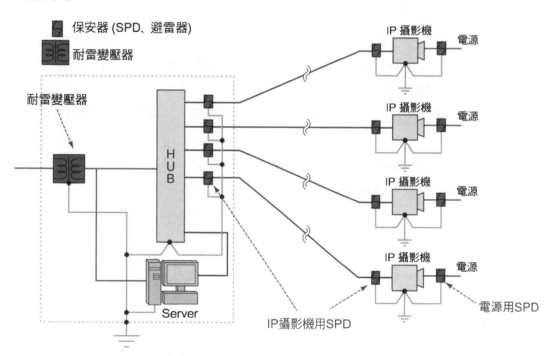

圖 7.8.8 監視攝影機監視器裝置的雷害對策

7.8.3 水處理設施

　　水處理關係設備是由各式器具組合所構成的設施，基本構成為水位計與幫浦控制的關係，如圖7.8.9所示。遭受雷害，主要是控制回路，由電源線、接地線、水位計等侵入雷突波的路徑，各設置最適當的SPD予以防護。又警報接點信號傳輸至遠方時，於監視室側也要設置SPD。

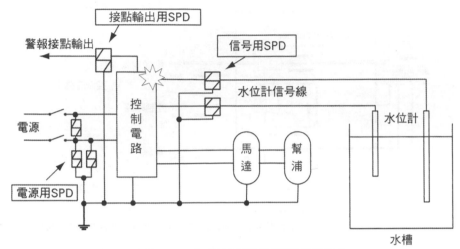

圖 7.8.9 水處理系統的雷害對策例

7.8.4 可程式控制器 (PLC)

很多工廠的自動控制與大樓管理系統均使用PLC系統。一般在狹窄範圍內運用控制系統的情形下，幾乎不會發生雷害，若於各個建物間或樓層間有信號線的配線時，遭受雷害的可能性就非常的高。以下為雷害對策例。

圖 7.8.10 為此類系統的例子，間隔100m以上的場所，需施以遙控操作系統，銜接有連絡信號纜線，如「RS485」系統。

於建物的避雷針落雷時，設置在建物內的主設備的RS485介面部會遭致雷害而破損，在遙控端電源設置耐雷變壓器，同時於連絡纜線兩端設置RS-485用SPD。

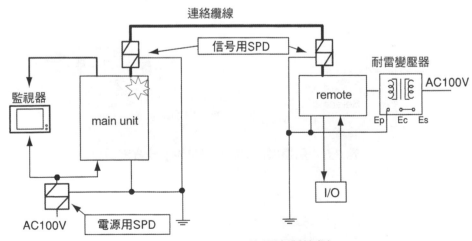

圖7.8.10 PLC的雷害對策例

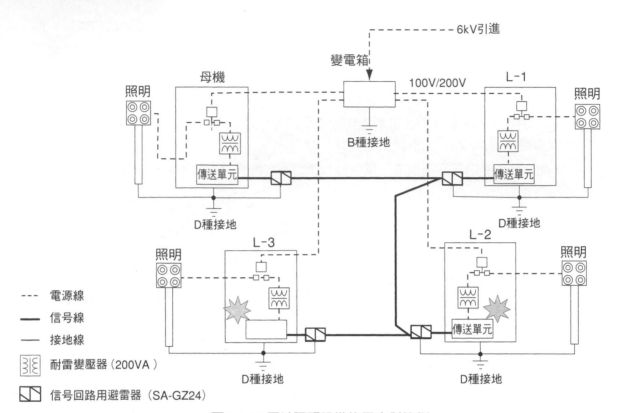

- --- 電源線
- ── 信号線
- ── 接地線
- 耐雷變壓器（200VA）
- 信号回路用避雷器（SA-GZ24）

圖7.8.12 屋外照明設備的雷害對策例

7.8.6 電話設備

介紹電話設備的雷害對策(案例1、案例2)。

《案例1》

交換機(PBX)的雷害對策

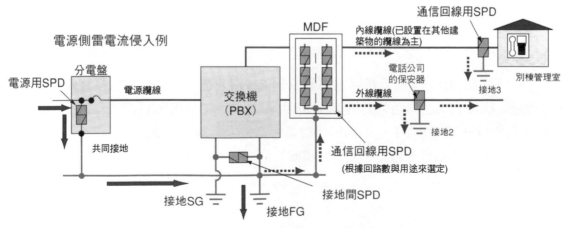

圖 7.8.13 電話交換機(PBX)雷害對策例

《雷害對策》

① 構築共同接地：交換機接地線與各SPD的接地線盡可能以最短直線距離施以
　共同接地。

② SPD的接地：交換機的電源、外線，與別棟建物間的內線引進線點各設置
　SPD。設置有雜訊(Noise)對策用SG端子時，SG-FG間需裝設接地間SPD。

＊外線側電信公司的標準保安器。

《案例2》

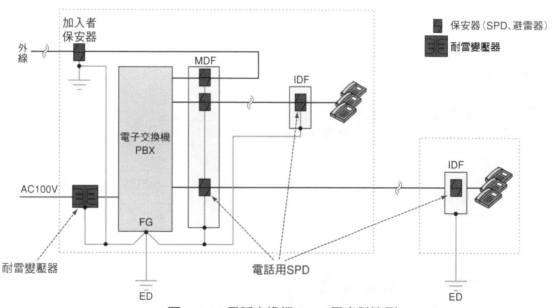

圖 7.8.14 電話交換機(PBX)雷害對策例

7.8.7 火警自動警報設備

火警自動警報設備的對策案例，都以SPD作為對策。

《案例1》

火警自動警報裝置中繼器盤的雷害對策

(1) 火警自動警報裝置中繼器盤的雷害對策係以電源與各感知器(Sensor)控制線
　 及緊急廣播等外部敷設回路作為保護對象。同時SPD設置於鄰近中繼器盤時
　 較具效果。

(2) 基本保護方式，需將中繼器盤箱體與各SPD接地施以等電位接地。

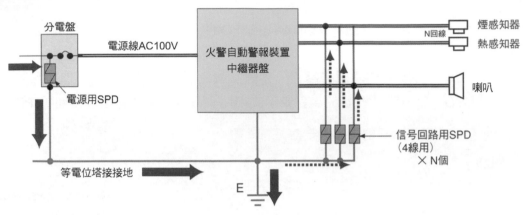

圖 7.8.15 火警自動警報設備雷害對策例

《案例2》

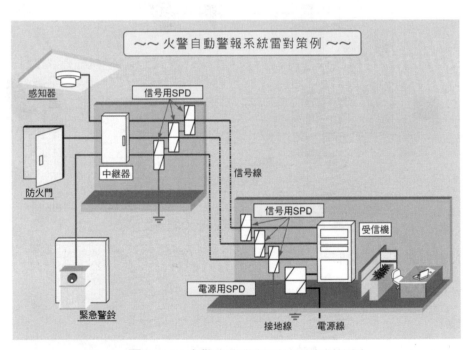

圖 7.8.16 火警自動警報系統雷害對策例

7.8.8 電子計算機室內對策

　　電子計算機室的雷害對策例，設置UPS作為電源瞬間降低的對策，在電源回路設置電源用SPD，同時於電話線路側採用電源、通信一體型SPD。

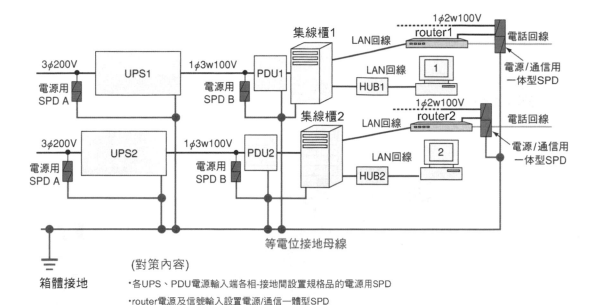

(對策內容)

箱體接地
- 各UPS、PDU電源輸入端各相-接地間設置規格品的電源用SPD
- router電源及信號輸入設置電源/通信一體型SPD
- 設置於UPS、PDU、集線櫃的SPD全部施以等電位接地，連接箱體接地

圖7.8.17 電子計算機室內雷害對策例

7.8.9 保全系統

監視攝影機、讀卡機、對講機等的保全系統雷害對策例。

設置SPD作為對策例。

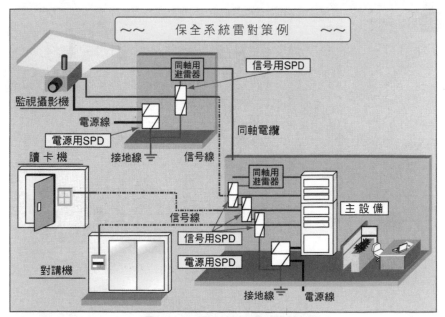

圖7.8.18 保全系統雷害對策例

第七章

7.8.10 廣播設備

電源回路設置耐雷變壓器，同時於喇叭回路的信號輸出側及喇叭側設置SPD。

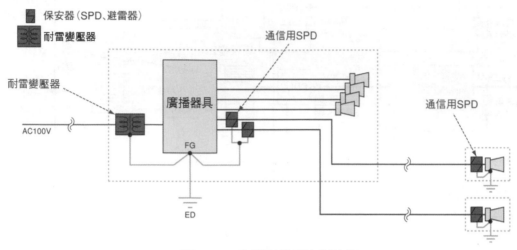

圖7.8.19 廣播設備雷害對策例

7.8.11 防災監視盤

防災監視盤的雷害對策案例。電源端採用耐雷變壓器，SPD接地與防災監視盤接地採用一點接地。

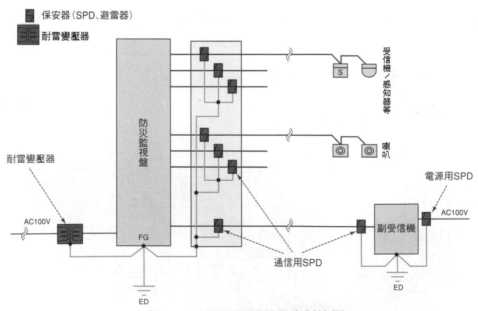

圖 7.8.20 防災監視盤雷害對策例

7.8.12 中央監視設備

　　中央監視設備的電源側採用耐雷變壓器對策，SPD接地與各建屋採分離接地的例示。

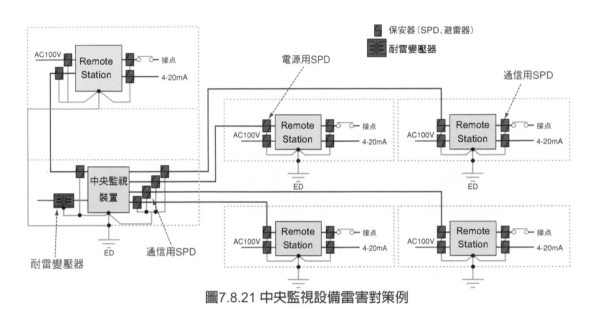

圖7.8.21 中央監視設備雷害對策例

7.8.13 共同接地與單獨接地的SPD設置例

　　以往大樓等建物的接地分別設有避雷針接地、A種接地、B種接地、D種接地、弱電接地等單獨的接地。然而JIS(IEC)規範對於此等接地均採1點接地(共同接地)以謀求等電位化，且為消除弱電器具設備雜訊干擾問題，而單獨設置B種接地以利減低接地電流。又為了解決共同接地問題，於是在兩接地電極間插入接地間SPD，此說明了僅於雷突波引起的電位差時，使各接地極間發生短路的有效方法。圖7.8.22所示為共同接地的SPD設置例，　而圖7.8.23所示為部分單獨接地(共同接地+單獨接地) 的SPD設置例。

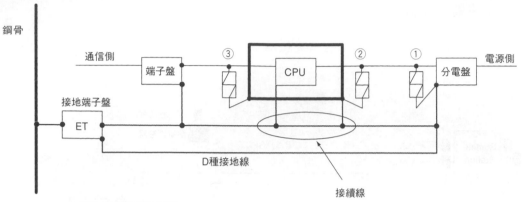

① AC電源用SPD
② AC電源用SPD
③ 信号用SPD（通信）
※ 分電盤與 CPU 配線距離短時、②可省略

圖 7.8.22 共同接地方式例

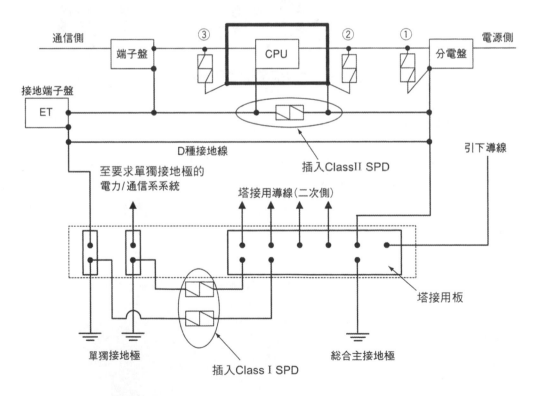

① AC電源用SPD
② AC電源用SPD
③ 信号用SPD（通信）
※ 分電盤與 CPU 配線距離短時、②可省略

圖 7.8.23 共同接地+單獨接地方式例

資料 7.9 各種電源配電方式的SPD設置(例)

　　根據JIS C 5381-12 與 JIS C 60364-5-53的附屬書上有記載每個系統和SPD的設置案例。但是為了4線式的設置範例，一般的1φ2W /1φ3W/3φ3W等SPD的設置方法便不好讀取。此附屬書是示範實際案例，本圖只顯示SPD的組合案例，裝置在SPD前段的隔離器(熔絲、斷路器等)的選定則另外檢討。

記号 ⬒ :SPD

No.	條　件	配電方式
1	TT系統 1φ2W 100V 有接地相	1φ2W
2	IT系統（非接地） 1φ2W 100/200V 無接地相	1φ2W
3	TT系統 1φ3W 100/200V 有接地相	1φ3W

No.	條　件	配電方式
4	IT系統 1φ3W 100/200V 無接地相	1φ3W
5	TT系統 1φ3W 取1φ2W 200V 有 B 種接地、無接地相	1φ3W 取1φ2W
6	TT系統 3φ3W 200V 有接地相	3φ3W　（低圧側△）
7	IT系統 3φ3W 200V 無接地相	3φ3W　（低圧側△）

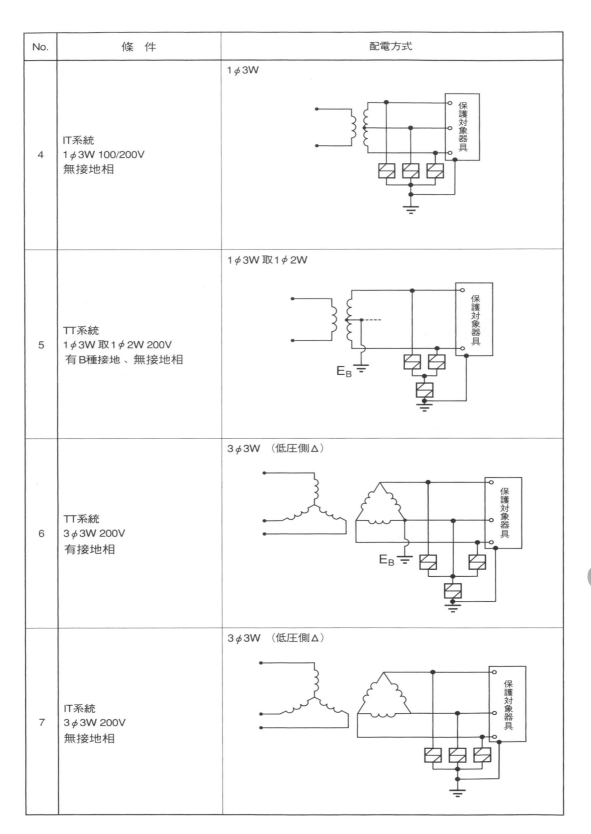

第七章

No.	條　件	配電方式
8	TT系統 3φ3W 取1φ2W 200V 有接地相	3φ3W 取1φ2W
9	TT系統 3φ3W 取1φ2W 200V 有B種接地、無接地相	3φ3W 取1φ2W
10	TT系統 3φ3W 400V 有混觸防止板、無接地相	3φ3W （低圧側△）
11	TT系統 3φ3W 400V 有B種接地、無接地相	3φ3W （低圧側人）

第七章

No.	條　件	配電方式
12	T IT系統 3φ3W 400V 有混觸防止板、無接地相	3φ3W （低圧側人）
13	TT系統 3φ4W 230/400V 3φ4W 100/173V 有接地相	3φ3W （低圧側人）
14	V結線 1φ3W 100/200V 有接地相 3φ3W 200V 有B種接地、無接地相	V結線

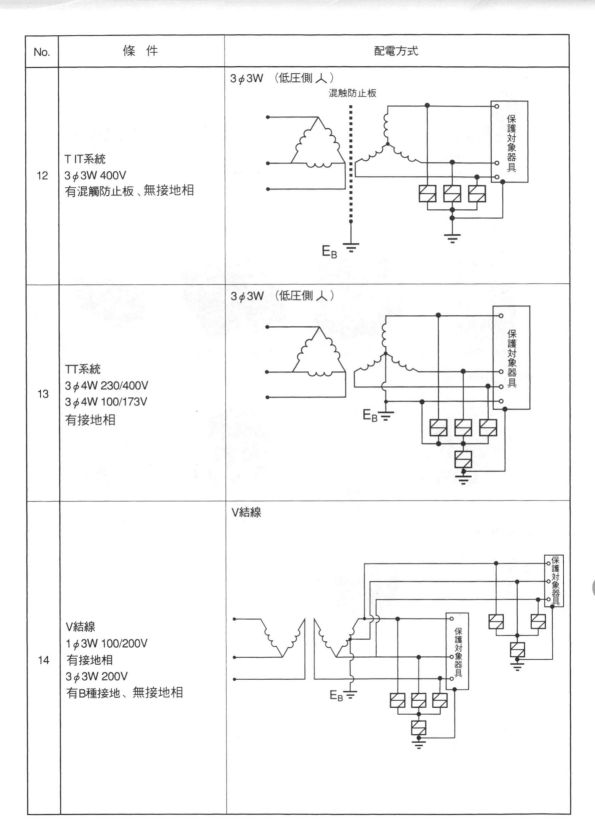

第七章

資料7.10 各種SPD (電源與通信/信號用保安器、耐雷變壓器) 的外觀形狀

■ 電源用Class I

| 1線用 | 三相4線用 | 三相4線用 | 三相3線用 |

■ 電源用Class II

單相3線用　　三相4線用　　單相3線用　三相3線用　　三相3線用

■ 通信/信號用

1対用×4　　　1対用　　　1対用×50　　　同軸用

■ 耐雷變壓器

■ 家庭用

電源 + 通信用　　　通信用　　　電源 + 通信用　　　電源 + 通信用

備註：SPD的外觀/樣式隨製造廠而不同。

資料7.11 用語「內部雷防護」的意思

7.11.1 JIS A 4201：2003「建築物的雷防護」的摘要

　　(內容略)。

7.11.2 JIS C 0367-1：2003「雷擊所引起的電磁脈衝之防護-第一部：基本原則」

　　(內容略)。

7.11.3 用語「內部雷防護」的意思

　　(內容略)。

資料7.12 內部雷防護的危險管理

　　(內容略)。

參考文獻

(1)　塩崎ほか　(音羽電機工業㈱)　「低圧酸化亜鉛素子の電流波形による耐量検討」
　　　平成18年　電気学会　全国大会　No.6-196
(2)　宮嵜、石井 (東京大学)、下嶋 (音羽電機工業㈱)「建築物への落雷によって内部の電力配線に誘起される電圧」平成18年電気学会　高電圧研究会　HV-06-60
(3)　加藤 (東洋大学)「モーメント法による構造物の雷サージ解析 (雷電流波形の誘導電冊への影響)
　　　平成18年電気学会電力・エネルギー部門大会　No.225
(4)　宮嵜、石井 (東京大学、下嶋 (音羽電機工業㈱)「建築物倍内の直撃雷電流の分流状況」
　　　平成17年電気設備学会全国大会　D-7
(5)「よくわかる雷対策の基本と技術」　監修:　石井　勝
　　　著者:音羽電機工業 (株) 出版委員会
　　　発行元:日刊建設通信新聞社　2006年5月13日発行

第七章

國家圖書館出版品預行編目資料

雷害對策設計指南 / 雷害對策設計ガイド委員會原著編集
；劉昌文，莊漢檜編譯. -- 新北市 ： 驫禾文化，
2014. 12
　面 ；　公分
ISBN 978-986-90843-1-4(平裝)
1. 避雷
441. 57　　　　　　　　　　　　　103027079

雷害對策　設計指南

發 行 所／驫禾文化事業有限公司
發 行 人／連得壽
發行授權／ＪＬＰＡ 日本 雷保護系統工業会
原著編集／雷害對策設計ガイド委員會
編　　譯／劉昌文、莊漢檜
校　　稿／顏世雄、楊坤德
美　　編／許佳惠、張峰賓
地　　址／新北市中和區橋和路90號9樓
電　　話／(02)2249-5121
傳　　真／(02)2244-3873
網　　址／www.biaoho.com.tw
出版日期／中華民國103年12月25日發行
郵政劃撥／19685093
戶　　名／驫禾文化事業有限公司
每本零售／780元

《全華圖書股份有限公司 總經銷》

版權所有・翻印必究
如有破損或裝訂錯誤，請寄回本公司更換

APOLLO 放電式避雷針

- ■ 市場佔有率最高；深獲各界肯定
- ■ 進口歷史最悠久；品牌值得信賴
- ■ 品質功能優良；保固年限達五年

⚡ APOLLO ⚡
LIGHTNING CONDUCTOR SERIES

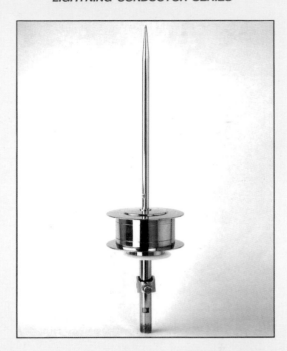

Clean Water Begins with Sejin!

SEJIN SMC WATER TANK
先進SMC儲水箱提供潔淨的水質

Outstanding in Heat Insulation	極佳的熱絕緣性能
Excellent Strength	極佳的物理應力
Versatile Capacity	多變化的體積
Excellent Sanitation	極佳的衛生
Easy Assembly	容易安裝
Perfect Watertightness	極佳的水密性

先進SMC有限公司
SEJIN SMC CO., LTD.

HWACO
PRESSED STEEL & STAINLESS STEEL
SECTIONAL TANKS

強恩企業有限公司

台北 **TEL:**(02)29353522　台中 **TEL:**(04)22421620
台北 **FAX:**(02)29353530　台中 **FAX:**(04)22421619

廣 2

專業 有效 完整的防雷系統
雷電的守護神

ING EL VA
吸收反射
(驅雷式)
避雷針

SATURNE
放電式避雷針

智慧型宅內箱

Schneider
Electric

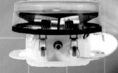

DIALIGHT LED
B型中亮度航空障礙燈

Dialight

高樓層航空障礙燈系列
(保固五年)

符合民航局 FAA 標準

DIALIGHT LED
B型低亮度航空障礙燈

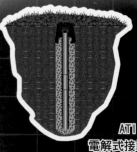

ATI
電解式接地電極

SGI 聖琪實業有限公司

電話 ： 02-8773-7350 02-8773-2686
傳真 ： 02-8773-2966
e-mail : sgi.0480@gmail.com

NIMBUS
放電式避雷針

NLP2200
放電式避雷針

CDR-2000
雷擊計數器

CDI-250
雷擊計數器

LR TESTER
避雷針測試器

G-CHECK
接地監視器

PSG
等電位連接器

G-TEST
接地測試器

CPS BLOCK
突波吸收器

CPS NANO
突波吸收器

PSC
突波吸收器

PSM
突波吸收器

DM2
串聯突波吸收器

KP1
電話突波吸收器

BNC
視訊突波吸收器

DIN
信號突波吸收器

MCB-DC
直流負載開關

PSM-PV
直流突波吸收器

CS23
直流突波吸收器

ISO-CHECK PV
直流絕緣監視器

SHEC 仕賢企業有限公司
SHIS-HSIEN ENTERPRISE CO.,LTD

台北市北投區關渡路 66 號 2 樓
TEL:02-28587887 FAX:02-28587889
http://www.cirprotec.com.tw
Email:shishsien@shishsien.com.tw

廣4

節電至尚
偉有尚偉

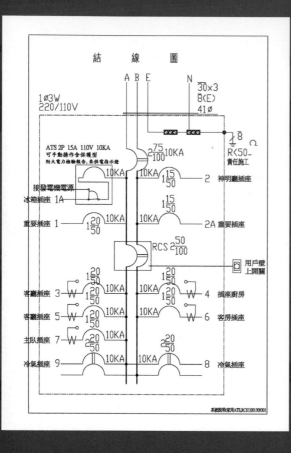

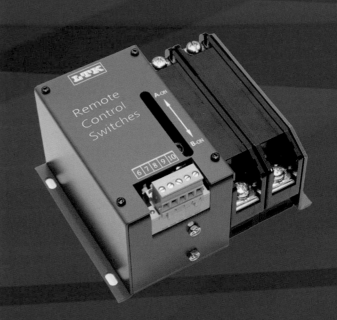

遠端控制開關（RCS.）

尚偉機電有限公司

網址：www.twltk.com

新北市新莊區化成路211巷26號
TEL: +886-2-89917709
FAX: +886-2-29939246

台中市南屯區永春東路801巷14號
TEL: +886-4-23809909
FAX: +886-4-23808277

廣5

100%原裝德國製造防雷器

強大技術後盾
全球最大規模雷電測試中心(200KA 10/350)

OBO Bettermann 集團傳承百年的過電壓保護經驗，產品種類豐富，性能可靠，廣泛運用於電源、信號、測量系統及各種工業控制。

功能特點：
- 德國製造－精工設計，安全可靠
- 全球最大單體－通流量-125KA (10/350)
- 測試標準－OBO系列產品符合VDE、UL、IEC等國際標準

已經通過的測試標準：

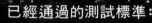

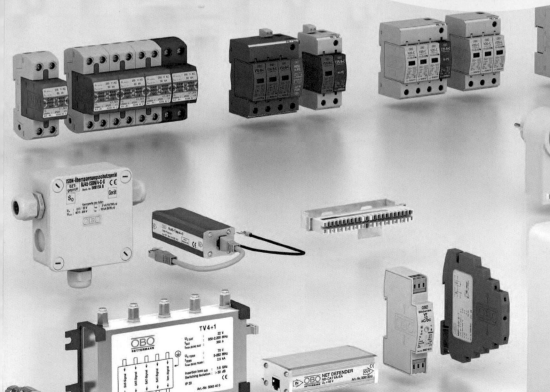

台灣總代理 **鴻宇事業股份有限公司**
HONI
10643台北市大安區和平東路一段13號3樓
TEL：(02)2391-1187 FAX：(02)2391-4735
E-mail:info@honi-group.com.tw

廣6

中大電工

榮獲 ISO 9001 ISO14001 CNS U 認證

投保 3000 萬元產品責任險

中大機電工業股份有限公司
CAPTECH ELECTRIC CORP.

功率因數一直下降、電容器壞掉怎麼辦？

找中大電容器公司幫你解決

我們備有專業儀器，幫你找出故障原因，再量身訂做適合你們的電容器。

台灣製造，電力用、主動式濾波器、被動式濾波器用、UPS用、穩壓器用、測試儀器用及馬達改善功因用等，皆可訂做，品質穩定，交貨迅速，價錢公道，技術領先，我們也供應各式電力用儀表。

PM-591

配電盤綜合式電力電錶

KW-700

電力需量管理電錶

HPF6

A.P.F.R.
自動功率因數調整器

C6-7C C12-12C

A.P.F.R.
自動功率因數調整器

避雷針

SCR 靜態切換開關

圓筒型乾式電容器

電容器 C.F.P. 進相用乾式鐵殼型

半套式電容器組

電容器高壓用

電容器電器用

GMC 電容器專用
電磁接觸器

自動功率因數控制盤

電容器專業製造廠：

中大機電工業股份有限公司

台中市烏日區光明路 157 巷 62 弄 3 號
NO. 3 Alley 62, Lane 157, Kwang Ming
Rd., Wu Jin, Taichung, Taiwan.

http://www.captech.com.tw
E-mail : jack.cap@msa.hinet.net

電話：04-23377230　　傳真：04-23370594
0800-433588　　台北連絡電話：02-27492877

LPI 雷擊預警(警報)系統動作原理

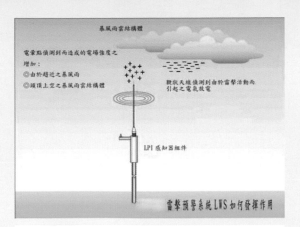

暴風雨雲結構體

電暈點偵測到而造成的電場強度之
增加:
◎由於趨近之暴風雨
◎頭頂上空之暴風雨雲結構體

鞭狀天線偵測到由於雷擊活動而
引起之電氣放電

LPI 感知器組件

雷擊預警系統LWS如何發揮作用

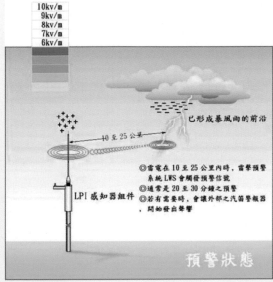

10kv/m
9kv/m
8kv/m
7kv/m
6kv/m

已形成暴風雨的前沿

10 至 25 公里

LPI 感知器組件

◎雷電在10至25公里內時,雷擊預警
系統LWS會觸發預警信號
◎通常是20至30分鐘之預警
◎若有需要時,會讓外部之汽笛警報器
,開始發出聲響

預警狀態

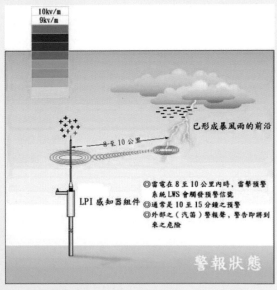

10kv/m
9kv/m

已形成暴風雨的前沿

8 至 10 公里

LPI 感知器組件

◎雷電在8至10公里內時,雷擊預警
系統LWS會觸發預警信號
◎通常是10至15分鐘之預警
◎外部之(汽笛)警報聲,警告即將到
來之危險

警報狀態

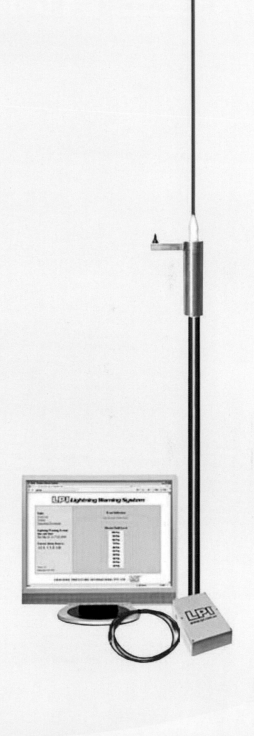

伯特利實業社
BTC TECHNOLOGY COMPANY

· Tel:886-6-2224603   Fax:886-6-2228781
· E-mail Box:bethel.lin@msa.hinet.net
· 台南市北區公園南路71號2樓

廣8

Forend 避雷針
保護全省高速公路門架

代理商

萬昌電器有限公司

電話：(02)2657-6222
傳真：(02)2657-6288

11492 台北市內湖區瑞光路513巷31號
http://www.wan-chang.com.tw
E-mail:wan.chang@msa.hinet.net

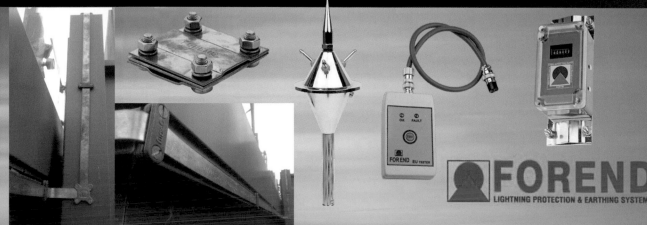

FOREND®
LIGHTNING PROTECTION & EARTHING SYSTEMS

完整的避雷系統構成圖
(集合住宅.辦公大樓.醫院.實驗室.電訊. 通信.電腦機房.軍需工業......等均適用)

六 點 保 護 計 劃

1. 將雷電攔截到最佳和已知的點-避雷針。
2. 以安全之方法,經由特別設計之下導體,將雷電傳送到大地。
3. 將雷電之能量,以產生最小接地電位昇之方式發散到大地。
4. 消除接地迴路,建立接地系統等電位。
5. 保護所有設備,以防止來自電力線之突波和暫態造成設備 之破壞和當機之損失。
6. 保護所有設備,以防止來自電信和信號線路之突波和暫態所 造成設備之破壞和當機之損失。

我們的建言:

您的居住環境安全嗎?您的避雷措施妥當嗎?上述六點計劃若徹底執行, 則您的建築物及室內人員.機電.通信.醫療.電腦.儀表等精密電子設備,即能 得到安全之保障。為取得最經濟且最有效之避雷,請與我們接洽。

您曾遭遇雷害嗎?您曾受雷害之苦嗎?您想有效解決雷害嗎?請與我們接洽。

台灣總代理商:
章 任 企 業 有 限 公 司
台北市重慶北路二段207號2樓

電 話:(02)2557-3247 · 2557-3203
傳 真:(02)2557-6927
http://www.lightning.com.tw
E-mail:cjeco@seed.net.tw

- 依據NF C17-102：2011版本測試、製造
- 先發閃流型(E.S.E)避雷針
- 經內政部營建署審核認可
- 一體成型，安裝容易
- 採SUS316L材質，耐酸鹼及鹽害，
  更適合台灣海島型氣候使用

MACH 15　　MACH 25　　MACH 30　　MACH 45　　MACH 60

E.S.E有效保護半徑範圍依
NF C 17-102 (2011) 規定
計算公式如下：

$$R_p(h)= \sqrt{2rh-h^2 +\triangle(2r +\triangle)} \quad for \quad h \geq 5 \, m$$

$$R_p= h \times R_p(5)/5 \quad for \quad 2 \, m \leq h \leq 5m$$

說明

R_p (h) (m)　是指特定高度h的保護半徑

h (m)　　　是ESEAT尖端與通過受保護物體最遠端的水平面之間的
　　　　　　高度(ESEAT尖端至少應高出其保護區域2m以上)

r (m)　　　保護等級Ⅰ為20公尺　　保護等級Ⅱ為30公尺
　　　　　　保護等級Ⅲ為45公尺　　保護等級Ⅳ為60公尺

$\triangle$ (m)　　　$\triangle=\triangle T \times 10^6$

　　　　　　現場經驗證實△等於ESEAT評估測試取得的效率值
高度逾60公尺的建築物適用5.2.3.4要求

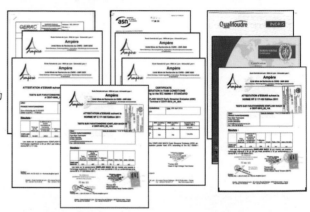

MACH ® 獲得多項標準證書

- 通過官方實驗室測試CNRS C E H T KYON 2009與PAU
  2009(官方人員監督下)，取得先發閃流時間的認證。
- 依據IEC 60-1與IEC 1083-1標準，在實驗室GERAC測
  試取得100kA-N/H、10/350 μs的雷擊結果認證。
- 根據IEC 60060-1標準於自然環境下以及實驗室進行
  雨天絕緣測試取得>97%絕緣效果認證。
- NF C17-102：2011半徑範圍保護證書。
- 取得AFNOR及標準認證資格與BURWAU VERITASISO 9001。
- 取得VERTEEGO CARBONE環保認證。
- 取得法國原子能安全委員會安裝許可認證。

側向雷擊專用傘形千針多導體避雷裝置

- 放電針體直徑為0.008φ，針群至少1000針，
  以近180°立體狀配置，可先期降低大氣中的
  電位梯度，達到電荷轉移及防側擊的要求。
- 為提高耐候性並適合台灣海島型氣候使用，
  除短針多導體材質為SUS 316等級外，其餘金
  屬組件部分均為SUS 304等級。
- 符合美國標準NFPA 780。
- 通過UL-96A(E120744)及UL-9IP4認證。

智圓實業有限公司

10442台北市長安東路一段73號4樓
TEL:(02)2521-2553.2521-2329
FAX:(02)2521-2760
E-mail:intell@ms24.hinet.net

齒輪式接地電極
POWER

GIZA EARTH

■ 外觀特色　　　　　■ 功能特點

接地電極的本體設計，突破傳統，　齒輪式接地電極能有效降低接地阻抗值(率)
功能真正的升級，故採鋸齒狀造　當高電壓大電流透過齒輪式接地電極時，
形設計，大幅地增加電流通管。　能量極易迅速釋放，易於施工，節省人力及
　　　　　　　　　　　　　　　工時，且不易腐蝕，效果穩定，壽命長。

使地面上的雷電流
有效且迅速的釋放

促進土中放電
落雷時阻抗降低率(R_1/R_0) 約1/10

廣 11

LF 無鉛絕緣電線 (符合RoHS之要求)

榮獲經濟部【產品創新類】獎

- 600V~161KV交連PE電纜
- 無鉛電線電纜
- 低煙無毒電纜
- 耐熱耐燃電纜
- 防蟻電纜
- 通信電纜
- 預制分支電纜

LF
無鉛電線電纜

161KV
交連PE電纜

HR&FR
耐熱耐燃電纜

IECQ QC 080000
有害物質流程管理系統認證

TAF 認證

明台產品責任險
投保金額:5000萬

宏泰安防事業

- 監視系統
- 中央監控
- 影視對講
- 門禁管制
- 電子圍籬
- 家庭自動化(e-home)

預制分支電纜
Prefabricated Branch Cable
（安全的接頭）

宏泰電工股份有限公司
HONG TAI ELECTRIC INDUSTRIAL CO., LTD.

Web site: www.hong-tai.com.tw / E-mail:p-sale@hong-tai.com.tw
總公司:台北市敦化南路二段 65 號 20 樓 / TEL: (02)2701-1000 / FAX: (02)2708-1100
南崁廠:桃園縣蘆竹鄉蘆竹村南工路二段 500 號 / TEL: (03)322-2321~5 / FAX: (03)322-2765
高雄聯絡處:高雄市苓雅區光華一路 206 號 12 樓之 6 / TEL: (07)227-1552~3 / FAX: (07)227-1841

廣 12

伍菱電機

專業製造・在地生產

MADE IN TAIWAN

系列產品齊全 **15A~1600A**

無熔線斷路器

漏電斷路器

電磁開關

ISO 9001
BSMI
認可登入
REGISTERED
CERT NO 3A6Y019

TERTEC
大高試字第86177號

R31094

台正字第7176號

IEC
IEC 60947-2

CE

新北市林口區工二工業區工二路8號
電話：(02)2603-3339
傳真：(02)2602-1998
http://www.wuling.com.tw

TaiSurge™

E.S.E. LIGHTNING CONDUCTOR

NOVA提前放電式避雷針

● 通過內政部營建署審核
● 依據NF C17-102標準製造測試
● 千萬產品責任險保證
● 採用SUS316材質,高耐酸鹼
● 適合台灣海島型氣候使用

製造銷售
雷可利科技有限公司
TaiSurge Tech.Co.,Ltd.
TEL:04-24873296 FAX:04-24874369
http://www.taisurge.com.tw
surge@taisurge.com.tw

廣 14

SHIHLIN ELECTRIC
士林電機

建立最安全的防護生活環境

不可不知的雷電防護！
突波來襲 加強防護
降低設備因雷電引起的受損

隨著電子科技的進步，居家各類電器設備愈來愈精密，
相對維持供電系統的穩定性及
降低設備受損的各種保護措施也漸受到重視，
尤其雷電引起的突波問題更是不能輕忽！
依統計賠償事故中，由於雷電及系統開關過電壓
造成的損失佔了30%。
做好防雷減災工作，適應社會經濟發展，
保障人民生命財產安全
將是未來防護工作的重點。

（電源型）

（通訊型）

突波保護器
（電源型/通訊型）
SURGE PROTECTIVE DEVICE
(SPD/DCS)

產品諮詢專線 **0800-52-4040** (我愛士林士林) 服務時間：AM 08:30 ～ PM 05:30

電氣設備防止雷擊突波損害的對策

◆ 雷擊突波怎麼來？

■直接雷擊：避雷針遭雷擊時所產生之巨大電磁波

■電源線路：
高壓配電線路 — 雷擊(戶外)、外部雷電感應(室內)
低壓配電線路 — 外部雷電感應

■通信線路：包括通信數據機、電話線、網路線、有線電視cable等

■接地線路

◆ 如何保護？

■良好接地系統 (如圖一所示：入侵路徑1、4)：
將雷電能量安全的導向低阻抗接地系統，並透過接地系統將其引導至大地

■良好的突波吸收設備 (如圖一所示：入侵路徑2、3、4)：
保護進入室內之所有電力線路及資訊、電信等控制信號線路
(1) 高壓配電線路：避雷器
(2) 低壓配電與接地線路：低壓突波保護器 (如左商品圖-電源型)
(3) 通信線路：通訊型突波保護器 (如左商品圖-通訊型)

◆ 選用注意事項

■因為雷電突波能量分流原理，空曠地區因為建物、住家少，
故線路也少，每一線路所分配的突波能量便較高，
所使用的突波保護器的容量（最大放電電流Imax）需較高；
同理，市區倘若建物、住戶越多，每一線路所分配的突波能量便越少，
便可選用較低容量的突波保護器。

■突波保護器的容量（最大放電電流）並非越大越好。其容量越大，殘餘電壓也越高，倘若大於設備的絕緣耐
衝擊電壓(Uimp)，仍會造成設備的損壞。但殘餘電壓較小之突波保護器，其容量也較小，雖可限制雷擊後之
殘餘電壓，但突波保護器往往會因雷電突波的匯集而造成保護器本身的損壞。故較合適的方式如圖二，越靠
近總電源側，需使用較高容量的突波保護器，越靠近設備側，需使用較低容量的突波保護器，利用層層降壓
的原理，達到最佳的保護效果。

入侵路徑 ①
直接雷擊

入侵路徑 ②
電源線路

避雷針電磁感應

入侵路徑 ③
通信線路

入侵路徑 ④
接地線

圖一：雷擊突波入侵路徑

◆選用詳情請上士林電機網站查詢◆

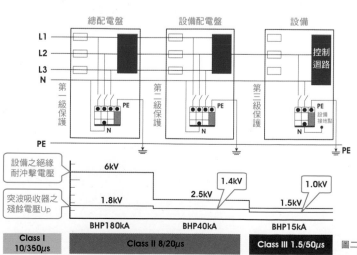

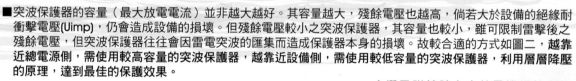

圖二：系統保護配線圖示

CCECO 集集電工業股份有限公司

地址：10646 台北市大安區雲和街 2-2 號 1F
Tel：(02)2363-2992　Fax：(02)2363-9044
網址：http://www.ccelect.com.tw

關於集集：

本公司成立於 1979 年 12 月，早期為接地銅線熔機用鋁熱劑專業製造廠，目前發展為接地，避雷產品製造及技術服務公司，在國內外累積了相當多的接地避雷工程經驗實績。

認證：

1981 桃園大東電纜會同台電各部門專業人員做 Type Test 通過 .
1985 台鐵耐久實驗通過測試 .
1999 熔接樣品送 UL 安規檢驗認證合格 (UL File,E305374).
2000 ISO 9000.ISO9001 品質系統認證合格 (UL-ISO9001-A9061).

避雷組件

低壓突波保護

等電位連接

接地系統(Grounding)

完整的避雷保護方案

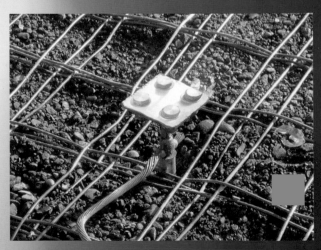

等電位網及引出插座 (AG401)